中等职业学校以工作过程为导向课程改革实验项目
电气运行与控制专业核心课程系列教材

电梯运行管理与维修

主　编　李忠生
副主编　白崇彪
主　审　梁洁婷　王贯山

机械工业出版社

本书是北京市教育委员会实施的"中等职业学校以工作过程为导向课程改革实验项目"的电气运行与控制专业系列教材之一，是依据此项目中电气运行与控制专业教学指导方案、专业核心课程标准，并参照相关国家职业标准和行业职业技能鉴定规范编写而成。

本书主要包括垂直电梯主要项目的半月维护与保养、月维护与保养、季度维护与保养、半年维护与保养、年维护与保养、垂直电梯维修以及制订维护保养计划这7个理实一体化项目，共计23个任务，每个任务对应一个工作页，目的是使学生掌握电梯的运行管理制度，明确电梯管理人员和维保人员的工作职责，共同确保电梯安全、可靠地运行；培养学生协调合作、严谨的工作作风，树立安全生产、环保节能和成本控制的意识。

本书可作为职业院校电气运行与控制专业或其他相关设备管理类专业的教材，也可以作为相关专业工程技术人员的岗位培训教材。

图书在版编目（CIP）数据

电梯运行管理与维修/李忠生主编. —北京：机械工业出版社，2017.10
（2021.1 重印）

中等职业学校以工作过程为导向课程改革实验项目 电气运行与控制专业核心课程系列教材

ISBN 978-7-111-58378-3

Ⅰ.①电… Ⅱ.①李… Ⅲ.①电梯-运行-中等专业学校-教材②电梯-维修-中等专业学校-教材 Ⅳ.①TU857

中国版本图书馆 CIP 数据核字（2017）第 264694 号

机械工业出版社（北京市百万庄大街 22 号 邮政编码 100037）
策划编辑：高 倩   责任编辑：高 倩 张丹丹
责任校对：郑 婕 张 薇 封面设计：路恩中
责任印制：常天培
涿州市般润文化传播有限公司印刷
2021 年 1 月第 1 版第 2 次印刷
184mm×260mm · 14 印张 · 329 千字
2001—2800 册
标准书号：ISBN 978-7-111-58378-3
定价：36.00 元

北京市中等职业学校工作过程导向课程教材编写委员会

主　任：吴晓川

副主任：柳燕君　吕良燕

委　员：（按姓氏拼音字母顺序排序）

程野冬　陈　昊　鄂　甜　韩立凡　贺士榕

侯　光　胡定军　晋秉筠　姜春梅　赖娜娜

李怡民　李玉崑　刘淑珍　马开颜　牛德孝

潘会云　庆　敏　钱卫东　苏永昌　孙雅筠

田雅莉　王春乐　王春燕　谢国斌　徐　刚

严宝山　杨　帆　杨文尧　杨宗义　禹治斌

电气运行与控制专业教材编写委员会

主　任：胡定军

副主任：姬立中

委　员：梁洁婷　林宏裔　王贯山　马春英　丁　喆

樊运华　张惠勇　孙宝林

编 写 说 明

为了更好地满足首都经济社会发展对中等职业人才的需求，增强职业教育对经济和社会发展的服务能力，北京市教育委员会在广泛调研的基础上，深入贯彻落实《国务院关于大力发展职业教育的决定》及《北京市人民政府关于大力发展职业教育的决定》文件精神，于2008年启动了"北京市中等职业学校'以工作过程为导向'课程改革实验项目"，旨在探索以工作过程为导向的课程开发模式，构建理论实践一体化、与职业资格标准相融合，具有首都特色、职教特点的中等职业教育课程体系和课程实施、评价及管理的有效途径和方法，不断提高技能型人才培养质量，为北京率先基本实现教育现代化提供优质服务。

历时五年，在北京市教育委员会的领导下，各专业课程改革团队学习、借鉴先进课程理念，校企合作共同建构了对接岗位需求和职业标准，以学生为主体、以综合职业能力培养为核心、理论实践一体化的课程体系，开发了汽车运用与维修等17个专业教学指导方案及其232门专业核心课程标准，并在32所中职学校、41个试点专业进行了改革实践，在课程设计、资源建设、课程实施、学业评价、教学管理等多方面取得了丰富成果。

为了进一步深化和推动课程改革，推广改革成果，北京市教育委员会委托北京教育科学研究院全面负责17个专业核心课程教材的编写及出版工作。北京教育科学研究院组建了教材编写委员会和专家指导组，在专家和出版社编辑的指导下有计划、按步骤、保质量完成教材编写工作。

本套教材在编写过程中，得到了北京市教育委员会领导的大力支持，得到了所有参与课程改革实验项目学校领导和教师的积极参与，得到了企业专家和课程专家的全力帮助，得到了出版社领导和编辑的大力配合，在此一并表示感谢。

希望本套教材能为各中等职业学校推进课程改革提供有益的服务与支撑，也恳请广大教师、专家批评指正，以利进一步完善。

北京教育科学研究院

2013 年 7 月

本书以"北京市中等职业学校以工作过程为导向课程改革实验项目"电气运行与控制专业核心课程"电梯运行管理与维修"的课程标准为依据编写而成。

"电梯运行管理与维修"课程是电气运行与控制专业电梯电气技术专门化方向的核心课程，是由学生就业岗位典型职业活动直接转化的课程，具有较强的实践性和技术性。

"电梯运行管理与维修"课程的主要任务是使学生掌握电梯的运行管理制度，明确电梯管理人员和维保人员的工作职责，共同确保电梯安全、可靠地运行；在教学过程中培养学生协调合作、严谨的工作作风，树立安全生产、环保节能和成本控制的意识。

本书编写思路与特色：

1. 认真贯彻以工作过程为导向的课程改革思想。
2. 借鉴电梯行业的实际维修保养工作过程，以电梯维修保养周期为依据划分项目。
3. 注重电梯国家标准和行业规范的渗透。
4. 操作流程和质量验收均以图文并茂的方式呈现。
5. 对接考证，加强与电梯电气安装与维修上岗证考试相关的知识和技能训练。
6. 质量验收条款取自于电梯国家标准的内容或者行业规范的规定。

教学建议：

1. 采用理实一体化教学，把电梯真实设备引入课堂。
2. 采用丰富的图片、3D 动画等教学资源。
3. 合理分组，合理分工，有效学习。
4. 充分发挥学生的主体性。
5. 采用多种评价机制，激发学生的学习兴趣。
6. 过程评价和结果评价相结合。
7. 渗透国家标准和行业规范。

学时分配建议：

项 目 名 称	任 务 名 称	建议学时
绪论		2
项目一　垂直电梯主要项目的半月维护与保养	任务一　制作电梯部件标签	2
	任务二　清洁电梯	4
	任务三　制动器闸瓦间隙的测量与调整	6
	任务四　更换齿轮油	4
	任务五　曳引电动机绝缘电阻的测量	4
项目二　垂直电梯主要项目的月维护与保养	任务一　按钮、显示设备的维护与保养	4
	任务二　平层准确度的测量与调整	4
	任务三　曳引钢丝绳张力的测量与调整	6

项 目 名 称	任 务 名 称	建议学时
项目三　垂直电梯主要项目的季度维护与保养	任务一　导靴的维护与保养	4
	任务二　电梯轿门各处间隙的测量与调整	8
	任务三　安全钳与导轨间隙的测量与调整	4
项目四　垂直电梯主要项目的半年维护与保养	任务一　端站保护装置的检查与调整	4
	任务二　导轨支架、随行电缆的检查与调整	4
	任务三　自动门防夹装置的检查与调整	4
	任务四　消防功能及检修功能的验证	4
项目五　垂直电梯主要项目的年维护与保养	任务一　层门门锁啮合间隙的测量与调整	4
	任务二　电梯称量装置的检查与调整	4
	任务三　缓冲器冲程的测量及调整	4
项目六　垂直电梯维修	任务一　安全回路故障的维修	4
	任务二　门锁回路故障的维修	4
	任务三　电梯困人时的紧急盘车	4
	任务四　电梯年检的准备	4
项目七　制订维护保养计划	任务一　制订维护保养计划	4

　　本书由李忠生担任主编，规划每个项目的体例结构并对全书进行了统稿和整理，白崇彪任副主编，提供了相关的基础资料。本书由梁洁婷、王贯山主审。

　　感谢北京市教科院职教专家柳燕君、苏永昌、孙雅筠、陈昊、李玉崑，他们对本书的编写提出了指导和意见。

　　由于编者水平有限，书中难免存在疏漏，敬请同行批评指正。本书内容如果与相关技术规范或全国电梯标准化委员会通过的解释文件有悖，应以后者为准。

编　者

CONTENTS 目录

绪论

认识电梯

电梯是指用电力作为拖动动力,具有乘客轿厢或载货轿厢,并运行于垂直方向或与垂直方向倾斜角度不大于15°的两侧刚性导轨之间,运送乘客或货物的固定设备。电梯安装在仓库、车站、码头、医院、办公大楼、宾馆、饭店及居民住宅楼等。

一、电梯技术的发展

有了电梯,摩天大楼才得以崛起。据估计,截至2016年,全球在用电梯约有1500万台,其中我国在用电梯约493.69万台。电梯已成为人类现代生活中广泛使用的人员运输工具。人们对电梯安全性、高效性和舒适性的不断追求推动了电梯技术的进步。

很久之前,人们就使用一些原始的升降工具运送人和货物。公元前1100年前后,我国古人发明了辘轳,如图0-1所示。它采用卷筒的回转运动完成升降动作,因而增加了提升物品的高度。公元前236年,希腊数学家阿基米德设计并制作了由绞车和滑轮组构成的起重装置。这些升降工具的驱动力一般是人力或畜力。19世纪初,在欧美开始用蒸汽机作为升降工具的动力。1845年,威廉·汤姆逊研制出一台液压驱动的升降机,其液压驱动的介质是水。尽管升降工具被一代代富有创新精神的工程师们进行不断改进,然而被工业界普遍认可的升降机仍未出现,直到1852年世界第一台安全升降机诞生。

图 0-1 沿用上千年的汲水工具——辘轳

1889年,升降机开始采用电力驱动,真正出现了电梯,如图0-2所示。电梯在驱动控制技术方面的发展经历了直流电动机驱动控制,交流单速电动机驱动控制,交流双速电动机驱动控制,直流有齿轮、无齿轮调速驱动控制,交流调压调速驱动控制,交流变压变频调速驱动控制,交流永磁同步电动机变频调速驱动控制等阶段。

19世纪末,采用沃德-伦纳德系统驱动控制的直流电梯出现,使电梯的运行性能得到明显改善。20世纪初,开始出现交流感应电动机驱动的电梯,后来槽轮式(即曳引式)驱动的电梯代替了鼓轮卷筒式驱动的电梯,为长行程和具有高度安全性的现代电梯奠定了基础。20世纪上半叶,直流调速系统在中、高速电梯中占有较大比例。

— 1 —

1967 年，晶闸管用于电梯驱动，交流调压调速驱动控制的电梯出现。1983 年，变压变频控制的电梯出现，由于其具有良好的调速性能、舒适感和节能等特点，迅速成为电梯的主流产品。

1996 年，交流永磁同步无齿轮曳引机驱动的无机房电梯出现，电梯技术又一次革新。由于曳引机和控制柜置于井道中，省去了独立机房，节约了建筑成本，增加了大楼的有效面积，提高了大楼建筑美学的设计自由度。这种电梯还具有节能、无油污染、免维护和安全性高等特点。

电梯在操纵控制方式方面的发展经历了手柄开关操纵、按钮控制、信号控制和集选控制等过程，对于多台电梯，出现了并联控制和智能群控。

图 0-2　世界第一台电力驱动升降机

如今，世界各国的电梯公司还在不断地进行电梯新品的研发以及维修保养服务系统的完善，力求满足人们对现代建筑交通日益增长的需求。

1852 年，美国纽约扬克斯（Yonkers）的机械工程师伊莱沙·格雷夫斯·奥的斯先生（Elisha Graves Otis，1811~1861 年）发明了世界第一台安全升降机。它是配有安全装置的升降机。他将带有锯齿状的铁条固定在导轨上，在轿厢的上部设置了一个弹簧片，并将其与机械联动装置和制动棘爪连接起来。曳引绳固定在弹簧片的中心，曳引绳破断时弹簧片恢复原始形状，强迫机械联动装置动作，然后制动棘爪伸入锯齿状的铁条阻止电梯下落。工业用户（货梯）是安全升降机的首先使用者。

1853 年 9 月 20 日，在纽约扬克斯，奥的斯先生在一家破产了的公司场地上成立了自己的生产车间，奥的斯电梯公司由此诞生。

1854 年，在纽约水晶宫展览会上，奥的斯先生公开展示了他的安全升降机，如图 0-3 所示。他站在载有木箱、大桶和其他货物的升降机平台上，当平台升至大家都能看到的高度后，他命令砍断绳缆，制动棘爪立即伸入平台两侧的锯齿状的铁条内，平台安全地停在原地，纹丝不动。此举迎来观众热烈的掌声，奥的斯先生不断地向观众鞠着躬说道：一切平安，先生们，一切平安。

图 0-3　奥的斯展示安全升降机

二、我国电梯事业的发展

我国电梯的使用历史很悠久。1900 年，美国奥的斯电梯公司通过代理商 Tullock & Co. 获得在中国的第一份电梯合同——为上海提供两台电梯。从此，世界电梯历史上展开了中国的一页。

1907 年，奥的斯公司在上海的汇中饭店（今和平饭店南楼，英文名 Peace Palace Hotel，见图 0-4）安装了两台电梯。这两台电梯被认为是我国最早使用的电梯。

中国产业信息网发布的《2015—2020 年中国电梯行业分析与投资前景研究调查报告》指出：目前中国已成为世界上电梯保有量最大的国家，截至 2013 年年底，我国电梯保有量达到 292.24 万台，同比增长 19.97%。我国电梯拥有数为 21.48 台/万人，与全球平均 23.88 台/万人相比，已经接近全球平均水平。而与韩国等地的市场比较来看，我国未来电梯的保有量会达到 800 万台左右，年新装/更新量会维持在 50 万台的水平。

图 0-4　上海汇中饭店——中国第一幢安装电梯的建筑

100 多年来，中国电梯行业的发展经历了以下几个阶段：①进口电梯的销售、安装、维保阶段（1900~1949 年），这一阶段我国电梯拥有量仅约 1100 多台；②独立自主，艰苦研制、生产阶段（1950~1979 年），这一阶段我国共生产、安装电梯约 1 万台；③建立三资企业，行业快速发展阶段（自 1980 年至 20 世纪末），这一阶段我国共生产、安装电梯约 40 万台。进入到 21 世纪后，我国电梯每年以数十万台的数量在增长。目前，我国已成为世界上最大的新装电梯市场和最大的电梯生产国。

2002 年，中国电梯年产量首次突破 6 万台，中国电梯行业自改革开放以来第三次发展浪潮正在掀起。第一次出现在 1986~1988 年，第二次出现在 1995~1997 年。我国电梯年产量增长里程碑见表 0-1。

表 0-1　我国电梯年产量增长里程碑

年份	里程碑	实际年产量/万台
2005	突破 13 万台	13.5
2007	突破 20 万台	21.7
2010	突破 30 万台	36.5
2011	突破 40 万台	45.7
2012	突破 50 万台	52.9
2013	突破 60 万台	62
2014	突破 70 万台	70

三、电梯未来的发展趋势

1. 电梯群控系统将更加智能化

电梯智能群控系统将基于强大的计算机软硬件资源，如基于专家系统的群控、基于模糊逻辑的群控、基于计算机图像监控的群控、基于神经网络控制的群控和基于遗传基因法则的群控等。这些群控系统能适应电梯交通的不确定性、控制目标的多样化、非线性表现等动态特性。随着智能建筑的发展，电梯的智能群控系统能与大楼所有的自动化服务设备结合成整体智能系统。

2. 超高速电梯速度越来越高

21 世纪将会发展多用途、全功能的塔式建筑，超高速电梯继续成为研究方向。曳引式超高速电梯的研究继续在采用超大容量电动机、高性能的微处理器、减振技术、新式滚轮导靴和安全钳、永磁同步电动机、轿厢气压缓解和噪声抑制系统等方面推进。采用直线电动机驱动的电梯也有较大研究空间。未来超高速电梯舒适感会有明显提高。

3. 蓝牙技术在电梯上将广泛应用

蓝牙（Blue Tooth）技术是一种全球开放的、短距无线通信技术规范，它可通过短距离无线通信，把电梯各种电子设备连接起来，不需要纵横交错的电缆线，可实现无线组网。这种技术将减少电梯的安装周期和费用，提高电梯的可靠性和控制精度，更好地解决电气设备的兼容性，有利于把电梯归纳到大楼管理系统或智能化管理小区系统中。

4. 绿色电梯将普及

环保要求指明了电梯节能、减少油污染、电磁兼容性强、噪声低、长寿命、采用绿色装潢材料、与建筑物协调等发展方向。甚至有人设想在大楼顶部的机房利用太阳能作为电梯补充能源。

5. 电梯产业将网络化、信息化

电梯控制系统将与网络技术相结合，用网络把各地的电梯监管起来进行维保；通过电梯网站进行网上交易，包括电梯配置、招投标等，也可以在网上申请电梯定期检验。

6. 乘电梯去太空

乘电梯进入太空的这一设想是苏联科学家在1895年提出来的，后来一些科学家相继提出了各种解决方案。2000年，美国国家航空航天局（NASA）描述了建造太空电梯的概念，这需要极细的碳纤维制成的缆绳并能延伸到地球赤道上方3.5万km。为使这条缆绳突破地心引力的影响，太空中的另一端必须与一个质量巨大的天体相连。这一天体向外太空旋转的力量与地心引力抗衡，将使缆绳紧绷，允许电磁轿厢在缆绳中心的隧道穿行。普通人登上太空这个梦想未来将有可能实现。

四、电梯的分类

电梯的分类比较复杂，一般常从不同的角度进行。

1. 按用途分类

电梯按用途不同可分为：

（1）乘客电梯（Ⅰ类）　为运送乘客而设计的电梯，主要用于宾馆、饭店、办公楼、大型商场等人流量大的场合。其运行速度快，并且安全、美观、舒适。

（2）客货电梯（俗称服务梯）（Ⅱ类）　为运送乘员而设计的电梯，兼运送货物。其与乘客电梯的最大不同在于轿厢内部的装饰。

（3）住宅电梯（Ⅱ类）　供高层、小高层的住宅楼使用的电梯。其控制系统和轿厢装饰都较简单，但必须具有客梯必不可少的安全保护装置。

（4）病床电梯（俗称医梯）（Ⅲ类）　为了运送病床而设计的电梯。其轿厢的宽度和长度以及电梯的运行速度是按病人的要求而设计的。

（5）载货电梯（Ⅳ类）　为了运送货物而设计的通常有专人伴随的电梯，主要用于两层以上的车间、仓库等场合。其速度一般，装潢也不太讲究，但有必要的安全保护装置。

（6）杂务电梯（又称服务梯）（Ⅴ类）　供图书馆、办公室、饭店运送图书、文件和食品等物品，并且不允许人员进入的电梯。其安全设施不齐全，轿厢尺寸较小，速度一般不太高。

（7）特种电梯　除上述常用的几种电梯之外，还有为特殊环境、特殊条件和特殊要求而设计的电梯，如船舶电梯、观赏电梯、消防电梯、防爆电梯和车辆电梯等。

2. 按速度分类

电梯按速度不同可分为：

1）低速梯：速度≤1.0m/s 的电梯。

2）快速梯：1.0m/s<速度<2.0m/s 的电梯。

3）高速梯：速度≥2.0m/s 的电梯。

3. 按曳引电动机的供电电源分类

电梯按曳引电动机的供电电源不同可分为两类。

（1）采用交流电源供电的电梯

1）采用交流单速异步电动机拖动的电梯。梯速≤4m/s，提升高度≤35m，如杂物梯。

2）采用交流异步双速电动机变极调速拖动的电梯。梯速≤1.0m/s，提升高度≤35m，如一般的客货电梯（XPM 型电梯）。

3）采用交流异步双绕组双速电动机调压调速拖动的电梯（俗称 ACVV 拖动的电梯）。梯速≤2.0m/s，提升高度≤50m，如一般的住宅电梯。

4）采用交流异步单绕组单速电动机调频调速拖动的电梯（俗称 VVVF 拖动的电梯）。梯速>2.0m/s，提升高度≤120m。

（2）采用直流电源供电的电梯　采用直流电源供电的电梯在 20 世纪 80 年代中期广泛应用于高档乘客电梯上。

1）直流快速电梯。梯速≤2.0m/s，提升高度≤50m。

2）直流高速电梯。梯速>2.0m/s，提升高度≤120m。

4. 按有无蜗轮减速器分类

电梯按有无蜗轮减速器可分为：

1）有蜗轮减速器的电梯，即梯速为 3.0m/s 以下的电梯，有两种曳引方式：上置式曳引和下置式曳引。

2）无蜗轮减速器的电梯，即梯速为 3.0m/s 以上的电梯。

5. 按驱动方式分类

电梯按驱动方式不同可分为：

（1）钢丝绳式　曳引电动机通过蜗杆、蜗轮、曳引绳轮，驱动曳引钢丝绳两端的轿厢和对重做上下运动的电梯。

（2）液压式　电动机通过液压系统驱动轿厢做上下运动的电梯。

1）柱塞直顶式。梯速≤1.0m/s，提升高度≤20m。

2）柱塞侧顶式（俗称"背包"式）。梯速≤0.63m/s，提升高度≤15m。

6. 按曳引机房位置分类

电梯按曳引机房位置不同可分为：

1）机房位于井道上部的电梯。

2）机房位于井道下部的电梯。

近年来也出现了一种无须设置机房的电梯，称无机房电梯。

7. 按控制方式分类

电梯按控制方式不同可分为：

1）轿内手柄开关控制自平层自动门电梯。

2）轿内按钮控制自平层自动门电梯。

3）轿内、外选层按钮开关控制自平层自动门电梯。

4）门外按钮控制小型杂物电梯。

5）信号控制的电梯。

6）集选控制的电梯。该电梯是一种由乘客自己操作的或有时由专职司机操作的自动电梯。

7）两台或三台并联控制的电梯。共用一套召唤信号装置。

8）梯群控制的电梯（群控电梯）。

8. 按拖动方式分类

电梯按拖动方式不同可分为：

（1）交流电梯 此种电梯的曳引电动机是交流电动机。当电动机是单速时，称为交流单速电梯，梯速一般不大于 0.5m/s；当电动机具有调压调速装置时，则称为交流调速电梯，梯速一般不大于 1.75m/s。

当电动机具有调压调频装置时，则称为交流调压调频电梯，梯速一般不大于 6m/s。

（2）直流电梯 此种电梯的曳引电动机是直流电动机。当曳引机带有减速器时，称为直流有齿轮电梯。当梯速不大于 2m/s 时，称为直流快速电梯。当曳引机无减速器，由直流电动机直接带动曳引轮时，称为直流无齿轮电梯。当梯速一般大于 2m/s 时，称为直流高速电梯。

（3）液压电梯 此种电梯靠液体压力驱动，分为柱塞直顶式和柱塞侧顶式。柱塞直顶式电梯的液压缸柱塞直接支撑轿厢底部使轿厢升降。柱塞侧顶式电梯的液压缸柱塞设置在轿厢侧面。直顶轿厢还可以借助曳引绳，通过滑轮组与轿厢连接使轿厢升降。

（4）齿轮齿条式电梯 此种电梯齿条固定在构架上，电动机及齿轮传动机构装在轿厢上，靠齿轮在齿条上的爬行来驱动轿厢，一般为建筑工程用电梯。

9. 按有无司机分类

电梯按有无司机可分为：

（1）有司机电梯 电梯的各种工作状态由经专业安全技术培训的持证专职司机操纵来实现。

（2）无司机电梯 由乘客自己操纵控制。

（3）有/无司机电梯 该电梯基本上按无专职司机控制来设计，但在有司机操纵的情况下，司机必须是经专业安全技术培训的专职司机。

五、电梯的主要参数及常用术语

1. 电梯的主要参数

（1）额定载重量（kg） 设计和制造规定的电梯载重量。

（2）轿厢尺寸（mm×mm×mm） 宽×深×高。

（3）轿厢形式 有单面或双面开门及其他特殊要求，以及对轿顶、轿底和轿壁的处理，颜色的选择，对电风扇、电话的要求等。

（4）轿门形式 有栅栏门、封闭式中分门、封闭式双折门和封闭式双折中分门等。

（5）开门宽度（mm） 轿门和层门完全开启时的净宽度即为开门宽度。

（6）开门方向　人在厅外面对层门，门向左方向开启的为左开门，门向右方向开启的为右开门，两扇门分别向左右两边开启的为中开门，也称中分门。

（7）平层准确度　轿厢到站停靠后，轿厢地坎上平面与层门地坎上平面之间垂直方向的偏差值即为平层准确度。

（8）额定速度（m/s）　额定速度指设计规定的电梯运行速度，也是制造厂家保证电梯正常运行的速度。

（9）电气控制系统　电气控制系统包括控制方式、拖动系统的形式等，如交流电动机拖动或直流电动机拖动，轿内按钮控制或集选控制等。

（10）停层站数（站）　凡在建筑物内各层楼用于出入轿厢的地点均称为站。

（11）基站　基站是指轿厢无指令运行时停靠的层站，一般位于大厅或底层端站乘客最多的地方。

（12）顶层（底层）端站　最高（最低）的轿厢停靠站即为顶层（底层）端站。

（13）地坎　轿厢或层门入口处出入轿厢的带槽金属踏板即为地坎。

（14）井道尺寸（mm×mm）　宽×深。

（15）提升高度（mm）　提升高度是指由底层端站楼面至顶层端站楼面之间的垂直距离。

（16）顶层高度（mm）　顶层高度是指由顶层端站楼面至机房楼板或隔音层楼板下最突出构件之间的垂直距离。一般电梯的运行速度越快，顶层高度越高。

（17）底坑深度（mm）　底坑深度是指由底层端站楼面至井道底面之间的垂直距离。一般电梯的运行速度越快，底坑深度越深。

（18）井道高度（mm）　井道高度是指由井道底面至机房楼板或隔音层楼板下最突出构件之间的垂直距离。

（19）曳引方式　曳引方式常用的有半绕1:1吊索法，轿厢的运行速度等于钢丝绳的运行速度；半绕2:1吊索法，轿厢的运行速度等于钢丝绳运行速度的一半；全绕1:1吊索法，轿厢的运行速度等于钢丝绳的运行速度。这几种常用的曳引方式如图0-5所示。

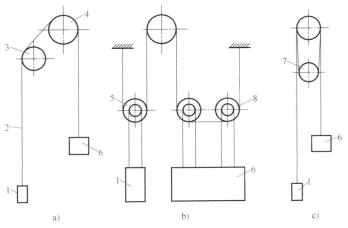

图 0-5　电梯常用曳引方式示意图

a）半绕1:1吊索法　b）半绕2:1吊索法　c）全绕1:1吊索法

1—对重装置　2—曳引绳　3—导向轮　4—曳引轮　5—对重轮

6—轿厢　7—复绕轮　8—轿顶轮

2. 常用术语（采用 GB/T 7024—2008 中的术语）

（1）曳引驱动电梯　提升绳靠主机的驱动轮绳槽的摩擦力驱动的电梯。

（2）强制驱动电梯（包括卷筒驱动）　用链或钢丝绳悬吊的非摩擦方式驱动的电梯。

（3）非商用汽车电梯　其轿厢适用于运载私人汽车的电梯。

（4）滑轮间　不装电梯驱动主机，仅装设滑轮或限速器和电气设备的房间。

（5）轿厢有效面积　地板以上 1m 高度处测量的轿厢面积，乘客或货物用的扶手可忽略不计。

（6）再平层　电梯停止后，允许在装载或卸载期间进行校正轿厢停止位置的一种动作，必要时可使轿厢连续运动（自动或点动）。

（7）钢丝绳的最小破断载荷　钢丝绳公称截面面积（mm^2）和钢丝绳的公称抗拉强度（N/mm^2）与一定结构钢丝绳最小破断载荷换算系数的连乘积。

（8）安全绳　系在轿厢、对重（或平衡重）上的辅助钢丝绳，在悬挂装置失效的情况下，可触发安全钳动作。

（9）使用人员　利用电梯为其服务的人。

（10）乘客　电梯轿厢运送的人员。

（11）批准的且受过训练的使用者　经设备负责人批准并且受过电梯使用训练的人员。

在没有其他规定的情况下，如果电梯负责人已将电梯使用说明书交给批准的且受过训练的使用者并且满足下述两个条件之一时，允许他们使用电梯：

1）只有经批准且受过训练的使用者持有钥匙，插入装于轿厢内或轿厢外的锁内，电梯才能开动。

2）电梯装于禁止公众进入的地方，当不上锁时，由电梯负责人派一人或多人进行看管。

（12）电梯驱动主机　包括电动机在内的用于驱动和停止电梯的装置。

（13）平衡重　为节能而设置的平衡全部或部分轿厢自重的质量。

（14）电气安全回路　串联所有电气安全装置的回路。

（15）检修活板门　设置在井道上的用作检修的向外开启的门。

（16）井道安全门　当相邻两层地坎之间距离超过 11m 时，在其间井道壁上开设的通往井道供援救乘客用的门。

（17）夹层玻璃　两层或更多层玻璃之间用塑胶膜组合成的玻璃。

项目一
垂直电梯主要项目的半月维护与保养

知识目标：

1. 掌握电梯的结构组成；
2. 掌握电梯各部件的功能；
3. 掌握机房作业的安全要求；
4. 掌握电梯清洁的程序及步骤；
5. 掌握制动器的结构及工作原理；
6. 掌握国家标准对制动器的要求；
7. 了解齿轮油的种类，掌握国家标准对齿轮油的要求；
8. 了解绝缘电阻表的工作原理；
9. 掌握绝缘电阻表量程的选择办法；
10. 掌握绝缘电阻的测量方法；
11. 了解国家标准对电梯绝缘的要求。

能力目标：

1. 认识电梯主要组成部件；
2. 学会制作电梯部件标签，并悬挂在合适的位置；
3. 能够说出各部件的安装位置；
4. 能利用清洁工具、螺钉旋具等电工工具对电梯进行整体清洁及接线端子的紧固；
5. 能够在机房安全操作；
6. 掌握制动器的测量及调整方法；
7. 能识读制动回路；
8. 能利用塞尺、扳手等工具，测量并调整制动器闸瓦与制动轮的间隙；
9. 能利用扳手、螺钉旋具等工具，更换减速器齿轮油；
10. 能测量电动机的相间绝缘及对地绝缘；
11. 提高数值分析计算能力。

素质目标：

1. 安全意识；
2. 团队合作意识；
3. 爱岗敬业精神；
4. 干净整洁的工作习惯；
5. 爱护工具及设备。

任务一　制作电梯部件标签

※任务描述※

对照图 1-1，用白板笔将电梯部件名称写到标签纸上，并对照实物电梯，将制作完成的电梯标签悬挂于具体部件上。

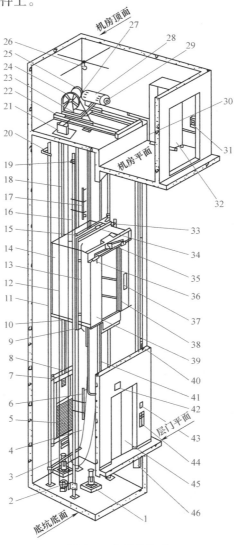

图 1-1　电梯结构图

1—轿厢缓冲器　2—张紧装置　3—对重缓冲器　4—补偿装置　5—对重装置　6—底层极限开关　7—对重导靴　8—绳头组件　9—安全钳钳体　10—轿底超载装置　11—对重导轨　12—限速器钢丝绳　13—极限开关撞板　14—轿厢　15—轿厢导靴　16—轿厢导轨　17—顶层终端开关　18—曳引钢丝绳　19—轿厢导轨支架　20—对重导轨支架　21—限速器　22—曳引机承重大梁　23—导向轮　24—曳引轮　25—减速器　26—机房承重吊钩　27—制动器　28—曳引电动机　29—旋转编码器　30—机房线槽　31—机房配电板　32—控制柜　33—平层装置　34—轿顶检修箱　35—开门机　36—开门刀　37—轿内控制箱　38—安全触板（光幕）　39—轿门　40—井道布线槽（线管）　41—随行电缆　42—层门锁　43—消防按钮盒　44—厅外召唤盒　45—层门装置　46—底坑检修装置

※任务分析※

本任务将在仿真教学电梯上完成，仿真电梯主要由以下 12 部分组成：井道框架、曳引机、导轨、减速信号系统、终端保护开关、轿厢、层门、对重、外呼盒、内选指令盘和操纵箱、控制柜、故障设置部分。参照实物电梯标签制作方法制作仿真教学电梯的部件标签。

※知识链接※

一、电梯的主要组成部分

1. 机房部分

（1）曳引机　曳引机是电梯的驱动装置，如图 1-2 所示，安装在专用承重钢梁上，它主要由下列部件组成：

1）驱动电动机。采用变频变压（VVVF）驱动方式，对电动机进行控制，交流梯为专用的双速电动机或三速电动机。

2）制动器。在电梯上通常采用双瓦块常闭式电磁制动器，只有电动机通电运转时松闸，当电梯停驶时即进行制动并保持轿厢位置不变。即制动器通电松闸，失电制动，充分保证其工作的可靠性。

3）减速器。采用蜗杆减速器，具有高精度、高效率和低噪声的特点。

4）曳引轮。曳引机上的绳轮称为曳引轮，具有半圆形带切口的绳槽，两端借助曳引钢丝绳分别悬挂轿厢和对重，并依靠曳引钢丝绳与曳引轮绳槽间的静摩擦力来实现电梯的升降。

（2）限速器　如图 1-3 所示，它通过钢丝绳与轿厢连接，把轿厢的运动传给限速器，使限速器轮转动。当轿厢运动速度超过允许的安全速度时，限速器即起作用。首先通过超速限位开关，切断控制电路，然后把限速器钢丝绳夹住带动安全钳动作。

　　　　图 1-2　曳引机　　　　　　　　　　　　　　图 1-3　限速器

1—驱动电动机　2—电磁制动器　3—曳引轮
4—减速器　5—曳引绳　6—导向轮

（3）控制柜　控制柜如图 1-4 所示，它采用先进的微电子元件及电力电子元件，用现代的微电子技术及变频变压技术对电梯进行电气控制。在操纵装置的配合下，使电梯实现正常的起动和停止，上行或下行，快速或慢速，以及达到预定的自动性能和安全性能。

2. 井道部分

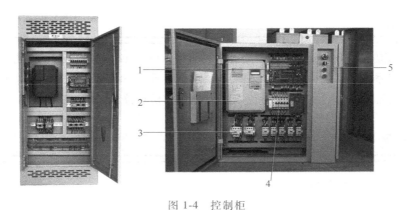

图 1-4 控制柜

1—微机板 2—变频器 3—接触器 4—相序继电器 5—急停、检修等开关

（1）导轨 导轨分轿厢导轨和对重导轨，使轿厢和对重在升降运行中起导向的作用。

（2）对重 对重悬挂在曳引钢丝绳上，用作平衡轿厢的自重和50%的电梯额定载重量，在其上下两侧装有导靴，以使对重沿着对重导轨上下滑行。导轨与对重装置如图1-5所示。

（3）缓冲器 缓冲器有弹簧式和液压式两种，如图1-6所示，根据安装位置不同分为轿厢缓冲器和对重缓冲器，安装在轿厢架、对重架下面的井道底坑内。当电梯由于控制失灵、曳引力不足或制动失灵等发生轿厢或对重蹲底时，缓冲器将吸收轿厢或对重的动能，提供最后的保护，以保证人员和电梯设备的安全。

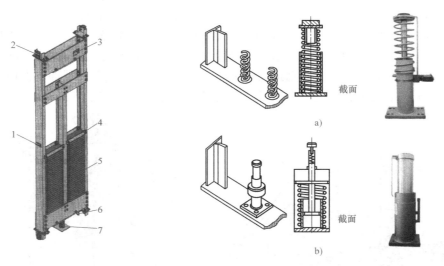

图 1-5 导轨与对重装置

1—导向角铁 2—对重导靴 3—安装铭牌 4—对重块压板
5—对重块 6—U形螺栓 7—缓冲座

图 1-6 缓冲器

a）弹簧式缓冲器 b）液压式缓冲器

（4）端站保护开关 端站保护开关装在井道的上下端站处，如图1-7所示，由装在轿厢上的撞板触动。当电梯到达端站超越正常的停站控制位置时，能自动地强迫减速并切断控制电路，使轿厢停止运动。其主要功能是让电梯控制系统识别电梯轿厢在井道终端的绝对位置。

1）强迫减速开关。在上下终端层附近各设一组电器开关，当电梯碰到这些开关后，由这些基准位置计算出一条比较可靠的数据作为速度指令。所以，到达终端层附近时，其速度不会很高，这样也就杜绝了可能造成越程的主要条件。

2）限位开关。在顶层和底层平层稍微过头处，装有终端限位开关。当电梯上行碰到顶层的限位开关或下行碰到底层的限位开关时，电梯无法再向前（向后）运行，但可以反方向手动运行。

3）极限开关。如果冲过限位开关，则前面还有极限开关。当极限开关的触头断开后，主回路电源被切断，电梯不可能再动作。这时，只有人工把轿厢移开极限位置后，电梯才能再起动。

3. 层站部分

（1）层门 在每一层站都设有进入轿厢的门，如图1-8所示。层门上设有门锁，只有轿厢在该层站位置才允许层门自动开启。层门还装有联锁触头，只有当门扇可靠关闭时，才能允许电梯起动，而当门扇开启时，运动中的轿厢就立即停止运动。

（2）召唤按钮 召唤按钮分单钮和双钮，当按一下某站的上行按钮或下行按钮时，即把召唤信号输入电梯控制系统，使之接收召唤信号。

（3）层门指示灯 层门指示灯装设在每一层站层门的上面或旁边，有的与召唤按钮结合在一起。面板上有表示停站楼层的数字和表示运行方向的箭头。

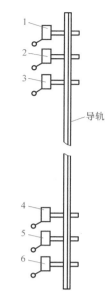

图1-7 端站保护开关
1—上极限开关 2—上限位开关
3—上强迫减速开关 4—下强
迫减速开关 5—下限位开关
6—下极限开关

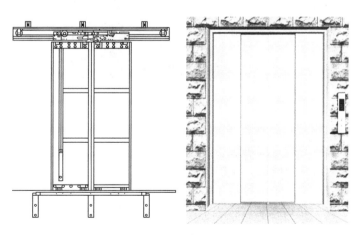

图1-8 层门

4. 轿厢部分

（1）轿厢 轿厢是电梯的容载装置，如图1-9所示。轿厢设有自动轿门，门上装有联锁触头，只有当轿门可靠关闭时，才允许轿厢运行。在轿厢自动门的门沿上装有安全触板或光电保护装置。在关门过程中，若安全触板或光电保护装置接触到乘客或障碍物，则轿门立即停止关闭并迅速反向开启。

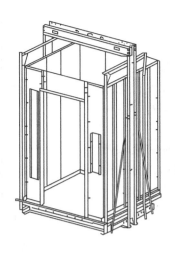

图 1-9　轿厢

（2）安全钳　安全钳安装在轿厢架下梁的两旁，如图 1-10 所示。当电梯轿厢超速下降时，限速器动作将安全绳索卡住，拉动拉杆臂，通过杆系使两旁安全钳楔块动作，夹在导轨上，同时安全钳开关起作用断开控制电路，使电梯停止运行。

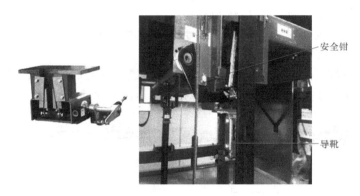

图 1-10　安全钳及其安装位置

（3）控制箱　控制箱是一种用开关、按钮操纵轿厢运行的电气装置，如图 1-11 所示。其功能主要是登记乘客的指令按钮信号，并将其通过串行传送至机房控制屏，电梯的管理系统将控制电梯到达相应的楼层。在控制箱内有手动、自动操作，司机操作，电风扇、照明开关，还装有安全开关、慢车检修开关等。

（4）轿内指示灯　轿内指示灯指表示停站层楼的数字和运行方向的指示灯，如图1-12所示。数字表示轿厢在井道中的位置，箭头表示电梯运行方向。

（5）自动门机　自动门机采用交流电动机进行驱动，如图 1-13 所示，利用交流变压变频（VVVF）控制技术对电动机进行控制。其作用是根据控制信号实现自动平稳的开启和关闭轿门（并通过开门刀带动层门）。

（6）称重装置　称重装置是指能检测轿厢内负载变化状态，并发出信号的装置，如图 1-14 所示。它的作用是称重提供轿厢负载信号，用时能提供轿厢的超、满载信号。

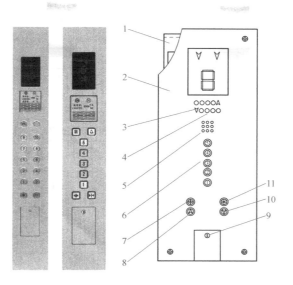

图 1-11　控制箱

1—盒　2—面板　3—外召唤下行箭头　4—外召唤下行位置灯　5—蜂鸣器
6—轿厢内指令按钮　7—开门按钮　8—慢上按钮
9—暗盒　10—慢下按钮　11—关门按钮

图 1-12　轿内指示灯

图 1-13　自动门机

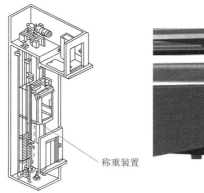

称重装置

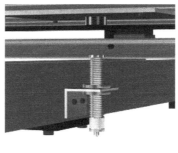

图 1-14　称重装置及其在电梯中的位置

二、电梯各部件的功能

从电梯各部件的功能看，电梯可分为八个系统：曳引系统、导向系统、轿厢、门系

项目一

统、重量平衡系统、电力拖动系统、电气控制系统和安全保护系统（见表1-1）。

表 1-1　电梯八个系统的功能及其部件与装置

系统	功能	主要部件与装置
曳引系统	输出与传递动力，驱动电梯运行	曳引机、曳引轮及钢丝绳、导向轮和反绳轮等
导向系统	限制轿厢、对重的活动自由度，使轿厢和对重只能沿着导轨运动	轿厢的导轨、对重的导轨及其导轨架等
轿厢	运载乘客和(或)货物的组件	轿厢架和轿厢体
门系统	乘客或货物的进出口，运行时层轿门必须封闭，到站时才能打开	轿门、层门、开门机、联动机构和门锁等
重量平衡系统	相对平衡轿厢重量以及补偿高层电梯中曳引绳长度的影响	对重和重量补偿装置
电力拖动系统	提供动力，对电梯实行速度控制	电动机、减速器、制动器、供电系统、速度反馈装置和调速装置等
电气控制系统	对电梯的运行实行操纵和控制	操纵装置、位置显示装置、控制柜、平层装置和选层器等
安全保护系统	保证电梯安全使用，防止一切危及人身安全的事故发生	限速器，安全钳，缓冲器和端站保护装置，超越上、下极限工作位置的保护装置，层门锁与轿门电气联锁装置，电动机过载、超速保护装置，编码器断线保护装置等

※任务实施※

制作电梯标签的操作步骤见表1-2。

表 1-2　制作电梯标签的操作步骤

序号	操作步骤
1	准备标签纸、白板笔
2	对照图1-1，用白板笔将电梯部件名称写到标签纸上
3	对照实物电梯，将制作完成的电梯标签悬挂于具体部件上
4	老师检查无误后，将电梯标签收回
5	清理工作现场

※知识拓展※

仿真教学电梯简介

仿真教学电梯是为教学演示而设计，如图1-15所示。通过学习，学生应能更好地掌握电气控制知识。仿真教学电梯的主要技术参数如下：

① 结构形式：6层6站。

② 控制方式：PLC加变频器控制和32位微机加变频器控制。

③ 调速方式：交流变频变压（VVVF）调速。

仿真教学电梯主要由以下12部分组成：井道框架、曳引机、导轨、减速信号系统、终端保护开关、轿厢、层门、对重、外呼盒、内选指令盘和控制箱、控制柜、故障设置部分。

请参照实物电梯标签制作方法制作仿真教学电梯的部件标签。

※综合训练※

（1）填空题

1）曳引机是电梯的驱动装置，安装在专用 _____ 上，它主要由 _____、_____、_____、_____ 等部件组成。

2）导轨分 _____ 导轨和 _____ 导轨，使轿厢和对重在升降运行中起 _____ 的作用。

3）缓冲器有 _____ 式和 _____ 式两种，且区分为轿厢缓冲器和对重缓冲器。

4）层门上设有 _____，只有轿厢在该层站位置时才允许层门自动开启，层门还装有联锁触头，只有当门扇可靠关闭时才能允许电梯起动，而当门扇开启时在运动中的轿厢就立即 _____。

（2）问答题

电梯的八大系统是什么？

图 1-15　仿真教学电梯

※评价反馈※

评价反馈见工作页。

任务二　清 洁 电 梯

※任务描述※

根据北京市地方标准 DB 11/418—2007《电梯日常维护保养规则》要求，电梯设备每半个月要进行一次清洁保养工作。

※任务分析※

电梯设备的清洁是电梯每次进行维护保养的必做项目。电梯机房、井道、轿厢和层站等由于存在缝隙，经过一段时间后，各设备会积聚灰尘，进而影响电梯的运行及乘客的舒适度，因此，地方标准要求，电梯维保人员每半个月要对电梯进行清洁工作。

※知识链接※

电梯的清洁工作主要包括机房地面、机房设备、电梯门、轿厢内壁、轿门内槽、轿厢地面、轿顶设备、底坑地面及设备的清洁等。根据北京市地方标准 DB 11/418—2007《电梯日常维护保养规则》要求，电梯设备每半个月要进行一次清洁保养工作，并进行每日的巡回保洁，每日巡回保洁次数可根据人流量的大小和具体标准要求而定。

清洁程序分为以下几个步骤：准备工作（准备清洁工具、安全防护用品等），清洁机房地面、机房设备、轿顶设备、轿门内槽，清洁轿厢内壁、轿厢地面，清洁电梯轿门，清洁底坑地面、底坑设备。在电梯轿厢的清洁过程中，一般应从上到下、从里到外依次进行。

※任务实施※

一、机房设备的清洁步骤（见表 1-3）

表 1-3　机房设备的清洁步骤

序号	操作步骤	图片	注意事项
1	准备抹布一块、毛刷一把、棉纱若干、墩布一把、扫帚一把、一字螺钉旋具一把、十字螺钉旋具一把		
2	在基站和轿内放置警示牌，到机房将电梯断电并上锁挂牌		
3	用墩布及扫帚清洁电梯机房地面		
4	用干抹布清洁控制柜门及外壳，擦拭曳引机、限速器防护罩、电源箱外壳等设备		清洁电气设备时，要用干抹布，不能使用湿抹布

序号	操作步骤	图片	注意事项
5	用棉纱擦拭减速器等处的油渍		用过的棉纱统一回收
6	用毛刷清洁控制柜内的电器元件		
7	将电梯通电运行		所有操作人员互相响应后方可通电运行

二、轿厢设备的清洁步骤（见表1-4）

表1-4 轿厢设备的清洁步骤

序号	操作步骤	图片	注意事项
1	工具及材料同表1-3步骤1		
2	在基站和轿内放置警示牌，到机房将电梯断电并上锁挂牌		

项目一

项目一

序号	操作步骤	图片	注意事项
3	将电梯运行到合适位置,放置警示牌,到机房将电梯断电并上锁挂牌		一般将轿厢运行到上端站的下一层
4	用层门机械钥匙打开层门,在老师的指导下进入轿顶,关闭层门		操作人员应在轿顶防护栏内操作
5	用棉纱将轿顶的油渍擦拭干净,用抹布和毛刷清洁轿顶灰尘		用过的棉纱统一回收,清洁电气设备时,要用干抹布,不能使用湿抹布
6	用螺钉旋具和扳手将轿顶螺钉紧固		
7	退出轿顶		不要遗漏工具
8	打开轿门和层门		
9	用墩布及扫帚清洁电梯轿厢地面		

序号	操作步骤	图片	注意事项
10	用干抹布清洁轿厢壁、操作盘等设备		
11	用毛刷清洁轿门地坎内的杂物		必要时，可用钩子将地坎内杂物钩出
12	清洁完毕，关闭轿门及层门		

三、底坑设备的清洁步骤（见表1-5）

表1-5　底坑设备的清洁步骤

序号	操作步骤	图片
1	工具及材料同表1-3步骤1	
2	同表1-3步骤2	

项目一

项目一

序号	操 作 步 骤	图片
3	在老师的指导下,安全进入底坑	
4	用棉纱将底坑的油渍擦拭干净,用抹布和毛刷清洁底坑设备的灰尘	
5	用扫帚清洁底坑地面	
6	退出底坑	
7	撤除警示牌,通电运行	

※综合训练※

（1）填空题

1）根据北京市地方标准 DB 11/418—2007《电梯日常维护保养规则》要求,电梯设备_____要进行一次清洁保养工作,并进行每日的_____。

2）在电梯轿厢的清洁过程中,一般应_____,从里到外依次进行。

3）对机房控制屏（柜）进行保养与检修时,首先要注意_____部分,特别是在两台以上电梯并联的情况下,即使将电梯总电源切断,其控制屏（柜）上仍有带电部分。

4）在检查蜗轮蜗杆啮合及油质时,应在电梯_____状态下进行。特别要防止在电梯运行时打开窥视孔盖采取油样。

（2）问答题

对机房环境的要求是什么?

※评价反馈※

评价反馈见工作页。

任务三　制动器闸瓦间隙的测量与调整

※任务描述※

此次日常维护保养的设备是电梯电磁制动器，按照北京市地方标准 DB11/418—2007《电梯日常维护保养规则》要求，对电磁制动器的抱闸间隙进行测量与调整。该电磁制动器为双抱闸形式，如图 1-16 所示。

图 1-16　电磁制动器

1—制动轮　2—制动臂　3—制动弹簧及弹簧螺杆　4—制动带　5—制动闸瓦

※任务分析※

电梯电磁制动器抱闸间隙过大，容易造成溜车事故；抱闸间隙过小，容易使制动轮和制动带产生摩擦，甚至抱闸打不开，造成电梯无法运行。按照北京市地方标准 DB11/418—2007《电梯日常维护保养规则》要求，需要定期对电磁制动器抱闸间隙进行测量与调整，以满足国家标准要求，保证电梯正常运行。

※知识链接※

一、制动器的作用

制动器是一台电梯不可缺少的非常重要的安全装置，其作用可归纳为如下两条：

1）能够使运行中的电梯在切断电源时自动把电梯轿厢制停。制动时，电梯的减速度不应大于限速器动作所产生的或轿厢停止在缓冲器上所产生的减速度。

电梯正常使用时，电梯速度 $v > 1\text{m/s}$ 的，一般都是通过电气控制使其减速停止，然后再机械抱闸。

2）电梯停止运行时，制动器应能保证在 125%～150% 的额定载荷情况下，电梯保持静止、位置不变，直到工作时才松闸。

二、制动器的工作原理

电梯制动电路如图 1-17 所示。

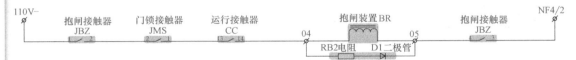

图 1-17　电梯制动电路

电梯使用的制动器，安装在电动机轴与蜗杆的连接处。当电动机停止时，运行接触器和抱闸接触器同时断电，其动合触点（1-2，13-14，4-3）断开，制动器电磁线圈断电，无电流通过，这时，制动器两块铁心之间无电磁吸引力，制动闸瓦在制动弹簧的压力下抱紧制动轮使电梯停止。当电梯起动，电动机通电时，运行接触器、抱闸接触器和门锁接触器同时得电，它们的动合触点（13-14，1-2，2-1）同时闭合，制动器电磁线圈得电，使铁心吸合，带动制动臂克服弹簧力使闸瓦张开，电梯得以运行。

三、电磁制动器的结构

电梯一般都采用常闭式双瓦块型直流电磁制动器，如图 1-18 所示，即使是交流电梯，也配直流电磁制动器，其直流电源由专门的整流装置供电。无论是用在无齿轮曳引电动机上，还是用在有齿轮曳引电动机上，制动器都由制动体、线圈和铁心等零件组成，如图 1-19所示。

a)　　　　　　　　　　　　　　　　b)

图 1-18　电磁制动器的外形

a）无齿轮曳引电动机制动器　b）有齿轮曳引电动机制动器

（1）压力弹簧的作用　压力弹簧主要是在电梯停止时进行机械制动。弹簧压力调整的大小直接影响电梯的舒适感。如果压力太大，则制动猛，造成轿厢振动，舒适感差；如果压力过小，则造成溜车平层不准确。因此弹簧的调整应根据轿厢载荷的情况而定。需反复调试，直到满意为止。

（2）制动带（抱闸皮）的作用及更换　制动带与制动轮摩擦产生制动力，使电动机停止转动。磨损严重时，即超过制动带原厚度的 1/4 或铆钉头欲露出时应及时更换，防止

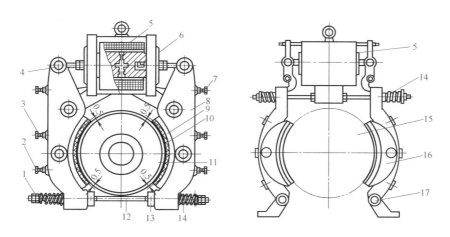

图 1-19 电磁制动器的结构

1—制动弹簧调节螺母 2—制动瓦块定位弹簧螺栓 3—制动瓦块定位螺栓 4—调节螺母
5—制动电磁铁 6—电磁铁心 7—定位螺栓 8—制动臂 9—制动瓦块 10—制动瓦块衬料
11—制动轮 12—制动弹簧螺杆 13—手动松闸凸轮（缘） 14—制动弹簧
15—闸轮 16—闸瓦 17—销轴

铆钉与制动轮摩擦打滑而制动失灵。

（3）动铁心的作用 动铁心（电磁铁）的作用是打开抱闸。电磁铁有交直流之分。直流电磁铁结构简单，噪声小，动作平稳，目前电梯一般都采用直流电磁铁。线圈输入电压为 DC110V。

（4）制动臂的作用 制动臂的作用是传递制动力，带动制动带。当铁心断电时，制动臂带动制动带，紧密地贴合在制动轮的工作面上。制动轮与制动带的接触面积应大于制动带面积的80%，两侧制动带应同时离开和抱紧制动轮。打开时，其制动轮与制动带之间的距离应均匀。

四、制动装置的技术要求与调整

（1）技术要求 制动装置必须灵活可靠。闸瓦应当紧密地贴合于制动轮的工作表面上，当松闸时，闸瓦应同时离开制动轮的工作表面，不得有局部磨损，其松开间隙应不大于 0.7mm，且四周间隙数值应均匀相等；当周围环境温度为 +40℃ 且额定电压及通电持续率为40%时，温升不超过 80℃；电磁制动器电磁线圈的接头应无松动现象，电磁线圈外部应有良好的绝缘，以防短路；电磁制动器的销闸必须自由转动并有良好的润滑，电磁铁工作时，应无卡阻现象；闸瓦衬料应无油腻或油漆；电磁制动器弹簧调节应适当，在满载下降时应能提供足够的制动力，使轿厢能迅速停止，而满载上升时制动又不准太猛，要平滑地从满速过渡到平层速度。

（2）制动力矩的确定 当电梯电源切断后，为了不使其在曳引机两边钢丝绳张力差的作用下继续转动，制动器必须有足够的制动力矩。其一般计算方法如下：电动机功率确定后再确定制动器的制动力矩，其公式为

$$T_1 = \frac{9550P_N}{n}$$

式中　T_1——制动器的制动力矩（N·m）；

　　　n——电动机转速（r/min）；

　　　P_N——电动机的额定功率（kW）。

注：此式未考虑安全系数，但在计算电动机功率时已经考虑了摩擦阻力。

※任务实施※

一、工作准备

1. 国家标准对制动器的要求

GB 7588—2003《电梯制造与安装安全规范》中 12.4 对制动器的要求如下：

1）电梯必须设有制动系统，当出现下述情况时能自动动作：

① 动力电源失电。

② 控制电路电源失电。

2）若为机电制动器，当轿厢载有 125% 额定载荷并以额定速度向下运行时，操作制动器应能使曳引机停止运转。

3）正常运行时，制动器应在持续通电下保持松开状态。

4）切断制动器电流，至少应用两个独立的电气装置来实现，不论这些装置与用来切断电梯驱动主机电流的电气装置是否为一体。

当电梯停止时，如果其中一个接触器的主触点未打开，最迟到下一次运行方向改变时，应防止电梯再运行。

5）装有手动紧急操作装置的电梯驱动主机，应能用手松开制动器并需要以一持续力保持其松开状态。

GB/T 10060—2011《电梯安装验收规范》中对制动器的要求如下：

1）机电制动器应在持续通电情况下保持松开状态。

2）装有手动紧急操作装置的电梯驱动主机，应能用手松开机电制动器并需要以持续力保持其松开状态。

2. 安全要求

由于制动器安装在曳引电动机上，而曳引电动机安装在电梯机房中，因此，在对制动器进行维护保养过程中，应牢记机房安全操作要求。具体要求见工作页的任务一。

3. 操作工具

在调节制动器抱闸间隙时，主要用到的工具有扳手和塞尺。

塞尺又称测微片或厚薄规，是用于检验间隙的测量器具之一。斜塞尺横截面为直角三角形，在斜边上有刻度，利用锐角正弦直接将短边的长度表示在斜边上，这样就可以直接读出缝隙的大小了。

塞尺（见图 1-20）由一组具有不同厚度级差的薄钢片组成。塞尺一般用不锈钢制造，最薄的为 0.02mm，最厚的为 3mm。自 0.02~0.1mm 间，各钢片厚度级差为 0.01mm；在 0.10~1mm 间，各钢片的厚度级差一般为 0.05mm；自 1mm 以上，钢片的厚度级差为 1mm。

塞尺的使用要求如下：

1）塞尺片不应有弯曲、油污现象。

2）使用前，必须将塞尺片擦干净并校正平直。

3）每次用完需擦拭防锈油后存放。

4）测量的间隙按各片的标志值计算。

例如：用塞尺测量电梯抱闸间隙后有以下值：0.03mm 一片，0.40mm 一片，0.02mm 一片，三片加在一起为 0.45mm，这部电梯抱闸间隙为 0.45mm。

图 1-20　塞尺

二、实施步骤

任务实施步骤见表 1-6。

表 1-6　任务实施步骤

序号	操作步骤	图片	注意事项
1	穿戴好劳保用品	工作服　安全帽　手套　绝缘鞋	
2	在基站放好围栏或警示牌		
3	将电梯轿厢停靠在最顶层，对重停靠在最底层		
4	用方木将对重支撑住并使其牢靠，用倒链将轿厢固定住并使其牢靠		
5	将钢丝绳从曳引轮上摘除		
6	单独给制动器线圈通电		

项目一

序号	操作步骤	图片	注意事项
7	用塞尺测量制动器闸瓦与制动轮间隙		
8	如不符合国家标准要求，则进行调节		一般调整到 0.3 ~ 0.5mm 最为适宜，四周间隙应均匀或相等，贴合面大于 80%
9	断开制动器线圈电源，用扳手调节制动弹簧螺母		在调节间隙过程中，同时要保证不能改变制动器的制动力。即在保证制动力足够大的情况下，抱闸间隙在 0.3 ~ 0.5mm 范围内
10	重复步骤 6 ~ 9，直至间隙符合要求		
11	将钢丝绳安装在曳引轮上		
12	撤除倒链及方木		
13	将电梯上下运行两次，如无异常，撤除围栏，投入运行		

※巩固与提高※

　　制动器是动作频繁的电梯安全部件之一，它能使电梯的电动机在没有电源供应的情况下停止转动，并使轿厢有效地制停。电梯能否安全运行与制动器的工作状况密切相关。大量事故案例表明，电梯人身伤亡事故发生的主要原因之一就是制动器发生故障或者自身存在设计缺陷，从而导致电梯出现冲顶、蹲底和溜车，甚至发生剪切等现象。因此，加强电梯制动器的安全检验尤为重要。

　　在进行电磁制动器维护保养时，若发现制动带磨损严重，超过国家标准的要求，应进行更换。

※综合训练※

　　（1）填空题

　　1）制动器在正常情况下，通电时保持_____状态。

　　2）制动器两侧闸瓦在松闸时应同时离开制动轮，其四角间隙平均值两侧各不大于_____。

（2）问答题

制动器的检查内容和要求是什么？

※评价反馈※

评价反馈见工作页。

任务四　更换齿轮油

※任务描述※

按照北京市地方标准 DB 11/418—2007《电梯日常维护保养规则》要求，电梯齿轮油每年要进行一次更换。本次任务是更换齿轮油。

※任务分析※

电梯减速器齿轮油在电梯运行过程中起到降低摩擦阻力，减小磨损，延长机械零件的使用寿命，冷却、冲洗、保护、密封、防锈和减振等作用。电梯在长期运行过程中，由于蜗轮蜗杆的长期摩擦、油温的变化等原因，齿轮油已达不到标准要求，必须及时进行更换。

※知识链接※

电梯曳引机是电梯的动力设备，又称电梯主机，其功能是输送与传递动力使电梯运行。它由电动机、制动器、联轴器、减速器、曳引轮、机架和导向轮及盘车手轮等组成。导向轮一般装在机架或机架下的承重梁上。盘车手轮有的固定在电动机轴上，也有的挂在附近墙上，使用时再套在电动机轴上。

一、曳引机的分类

（1）按曳引机的减速方式分类

1）有齿轮曳引机。拖动装置的动力，通过中间减速器传递到曳引轮上的曳引机，其中减速器通常采用蜗杆传动（也有的用斜齿轮传动），这种曳引机用的电动机有交流的，也有直流的，一般用于低速电梯上。曳引比通常为35：2。如果曳引机的电动机动力是通过减速器传到曳引轮上的，称为有齿轮曳引机，一般用于2.5m/s以下的低中速电梯。

2）无齿轮曳引机。拖动装置的动力，不用中间的减速器，而是直接传递到曳引轮上的曳引机。以前这种曳引机大多是以直流电动机为动力，现在国内已经研发出来有自主知识产权的交流永磁同步无齿轮曳引机，如许昌博玛曳引机。曳引比有2：1和1：1。载重320～2000kg，梯速为0.3～4.00m/s。若电动机的动力不通过减速器而直接传动到曳引轮上，则称为无齿轮曳引机，一般用于梯速在2.5m/s以上的高速电梯和超高速电梯。

3）柔性传动机构曳引机。

（2）按驱动电动机分类

1）直流曳引机，可分为直流有齿曳引机和直流无齿曳引机。

2）交流曳引机，可分为交流有齿曳引机、交流无齿曳引机和永磁曳引机。其中有齿曳引机还可细分为蜗杆副曳引机、圆柱齿轮副曳引机、行星轮副曳引机和其他齿轮副曳引机。

（3）按用途分类

1）双速客货电梯曳引机。

2）VVVF 客梯曳引机。

3）杂货曳引机。

4）无机房曳引机。

5）车辆电梯曳引机。

二、曳引机的工作原理

曳引式电梯曳引驱动关系如图 1-21 所示。安装在机房的电动机与减速器、制动器等组成曳引机，是曳引驱动的动力。曳引钢丝绳通过曳引轮一端连接轿厢，另一端连接对重装置。为使井道中的轿厢与对重各自沿井道中导轨运行而不相蹭，曳引机上放置一导向轮使两者分开。轿厢与对重装置的重力使曳引钢丝绳压紧在曳引轮槽内产生摩擦力。这样，电动机转动带动曳引轮转动，驱动钢丝绳，拖动轿厢和对重做相对运动。即轿厢上升，对重下降；对重上升，轿厢下降。于是，轿厢在井道中沿导轨上、下往复运行，电梯执行垂直运送任务。

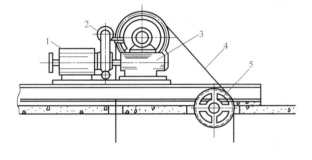

图 1-21　曳引驱动关系示意图
1—电动机　2—制动器　3—减速器
4—曳引绳　5—导向轮

轿厢与对重能做相对运动是靠曳引绳和曳引轮间的摩擦力来实现的，这种力就叫曳引力或驱动力。运行中电梯轿厢的载荷和轿厢的位置以及运行方向都在变化。为使电梯在各种情况下都有足够的曳引力，国家标准 GB 7588—2003《电梯制造与安装安全规范》规定：

曳引条件必须满足

$$\frac{T_1}{T_2}C_1C_2 \leq e^{f\alpha}$$

式中　T_1/T_2——载有 125% 额定载荷的轿厢位于最低层站及空轿厢位于最高层站的两种情况下，曳引轮两边的曳引绳较大静拉力与较小静拉力之比；

　　　C_1——与加速度、减速度及电梯特殊安装情况有关的系数，一般称为动力系数；

　　　C_2——由于磨损导致曳引轮槽断面变化的影响系数（对半圆或切口槽，$C_2 = 1$，对 V 形槽，$C_2 = 1.2$）；

　　　f——曳引绳在曳引槽中的当量摩擦因数；

　　　α——曳引绳在曳引导轮上的包角。

$e^{f\alpha}$ 称为曳引系数。它限定了 T_1/T_2 的比值，$e^{f\alpha}$ 越大，表明了 T_1/T_2 允许值和 T_1-T_2 允许值越大，也就表明电梯曳引能力越大。因此，一台电梯的曳引系数代表了该台电梯的曳引能力。

三、曳引电动机

电梯的曳引电动机分为交流电动机和直流电动机两种，曳引电动机是驱动电梯上下运行的动力源。电梯是典型的位能性负载。根据电梯的工作性质，电梯的曳引电动机应具有以下特点：

（1）能频繁地起动和制动　电梯在运行中每小时起制动次数常超过 100 次，最高可达到 180~240 次/h，因此，电梯专用电动机应能够频繁起、制动，其工作方式为断续周期性工作制。

（2）起动电流较小　在电梯用交流电动机的笼型转子的设计与制造上，虽然仍采用低电阻系数材料制作导条，但是转子的短路环却用高电阻系数材料制作，使转子绕组的电阻有所提高。这样，一方面降低了起动电流，使起动电流降为额定电流的 2.5~3.5 倍，从而增加了每小时允许的起动次数；另一方面，由于只是转子短路端环电阻较大，有利于热量直接散发，综合效果使电动机的温升有所下降，而且保证了足够的起动转矩，一般为额定转矩的 2.5 倍左右。不过，与普通交流电动机相比，其机械特性硬度和效率有所下降，转差率也提高到 0.1~0.2。机械特性变软，使调速范围增大，而且在堵转力矩下工作时，也不致烧毁电动机。

四、减速器

减速器被用于有齿轮曳引机上，安装在曳引电动机转轴和曳引轮转轴之间。

蜗杆减速器由带主动轴的蜗杆与安装在壳体轴承上带从动轴的蜗轮组成，其转速比可在 18~120 范围内，蜗轮的齿数不少于 30，其效率不如齿轮/减速器，但其结构紧凑，外形尺寸不大。

蜗杆减速器的特点：传动比大，噪声小，传动平稳；当由蜗轮传动蜗杆时，反效率低，有一定的自锁能力；可以增加电梯制动力矩，增加电梯停车时的安全性。

五、联轴器

联轴器是连接曳引电动机轴与减速器蜗杆轴的装置，用以传递由一根轴延续到另一根轴上的转矩，又是制动器装置的制动轮。联轴器安装在曳引电动机轴端与减速器蜗杆轴端的会合处。

电动机轴与减速器蜗杆轴在同一条轴线上，当电动机旋转时，带动蜗杆轴旋转，但是两者是不同的部件，需要用合适的方法把它们连接在同一条轴线上，保持一定要求的同轴度。

联轴器有以下两种：

（1）刚性联轴器　对于蜗杆轴采用滑动轴承的结构，一般采用刚性联轴器，因为此时轴与轴承的配合间隙较大，刚性联轴器有助于蜗杆轴的稳定转动。刚性联轴器要求两轴之间有高度的同心度，连接后同心度不应大于 0.02mm。

（2）弹性联轴器　由于联轴器中的橡胶块在传递转矩时会发生弹性变形，从而能在一定范围内自动调节电动机轴与蜗杆轴之间的同轴度，因此允许安装时有较大的同心度（公差为 0.1mm），使安装与维修方便。同时，弹性联轴器对传动中的振动具有减缓作用，电动机运行噪声低。为了降低电动机运行的噪声，采用滑动轴承。此外，适当加大定子铁心的有效外径，并在定子铁心冲片形状等方面均做合理处理。

※任务实施※

任务实施步骤见表 1-7。

表 1-7 任务实施步骤

序号	操作步骤	图片	注意事项
1	穿戴好劳保用品		
2	在基站放好围栏或警示牌		
3	切断电源,挂警示牌,防止触电		直到减速器冷却下来无燃烧危险为止
4	在放油螺塞下面放一个接油盘		
5	打开油位螺塞、通气器和放油螺塞		
6	将油全部排除		必要时,可用新油冲洗一下
7	装上放油螺塞		
8	注入同牌号的新油		
9	油量应在油位螺栓(或视窗)的 2/3 至 3/4 处为宜		
10	在油位螺塞处检查油位		
11	拧紧油位螺塞及通气器		
12	通电,空载运行		不少于 2h
13	投入运行		

※巩固与提高※

电梯设备中需要润滑的部位较多,主要有曳引齿轮箱、钢丝绳、导轨、液压缓冲器和轿门门机等部件。

对于有齿曳引式电梯,其曳引系统减速器的作用是降低曳引机输出转速,增大输出转矩。曳引系统减速器的结构有多种,常用的有蜗轮蜗杆式、锥齿轮式和行星轮式。蜗轮蜗杆式曳引机的蜗轮大多采用耐磨青铜,蜗杆采用表面渗碳淬火的合金结构钢,蜗杆传动齿面间的滑动较大,齿面接触时间较长,摩擦磨损情况突出。所以,不管是哪一种蜗杆传动,都有极压抗磨的问题。同样,锥齿轮式和行星轮式曳引机也有极压抗磨的问题。

此外,用于曳引机的油品应在低温下有良好的流动性,在高温下要有较好的氧化安定性和热安定性。所以,有齿曳引机减速器用油通常选择黏度为 VG320 和 VG460 的蜗轮蜗杆齿轮油,这类润滑油也可用作自动扶梯链条的润滑。加入齿轮油后,曳引机抗磨润滑性能得到极大的提升,在金属表面形成极强的油膜,长时间黏附在金属表面,有效地减少金属间的摩擦,使齿轮在起动时立刻得到良好的润滑保护作用。齿轮润滑油具有优良的抗水性、抗氧化性和极强的黏附性,能改善齿轮箱(蜗轮箱)的密封性,减少渗油。

在更换齿轮油时,若发现减速器漏油并超过国家标准的要求,请进行维修。

※综合训练※

(1)填空题

1)电梯曳引机按照减速方式分类,包括_____、_____和_____三种类型。

2)电梯曳引机按驱动电动机分类,包括_____和_____。

3)电梯曳引机按用途分类,包括_____、_____、_____、_____和_____。

4)电梯减速器安装在_____和_____之间,联轴器安装在_____与_____的会合处。

5)电梯曳引机通常由电动机、_____、减速器、机架和导向轮等组成。

(2)问答题

简述曳引机的工作原理。

※评价反馈※

评价反馈见工作页。

任务五 曳引电动机绝缘电阻的测量

※任务描述※

按照北京市地方标准 DB 11/418—2007《电梯日常维护保养规则》的要求,应定期对曳引电动机绝缘电阻进行测量。

※任务分析※

电梯曳引电动机的绕组本身有创伤，如嵌线、打槽楔时导线绝缘有机械损伤隐患；使用时间久绝缘强度降低，造成局部击穿；电动机润滑油室漏油，浸渍绕组，油中的水分和灰尘将降低绕组绝缘等级，天长日久会因漏电造成发热，最后导致击穿；电梯频繁起、制动（起动电流一般为额定电流的 3~4 倍），电动机长期处于高温运行状态，绝缘过早老化而被击穿。以上原因都可导致电梯曳引电动机绝缘电阻达不到国家标准要求而导致绕组烧毁，发生漏电事故，进而导致伤人事故。因此，要定期对曳引电动机的绝缘进行测试，以保证电梯安全运行。

※知识链接※

一、电梯用三相交流异步电动机

GB/T 12974—2012《交流电梯电动机通用技术条件》规定，交流电梯电动机的外壳防护等级为 IP00 或 IP21。电动机外壳防护的型式通常可分为开启式、防护式和封闭式三种。字母 IP 为防护标志，它后面的两个数字表示防护等级，其中第一个数字表示防异物等级，第二个数字表示防水等级。

开启式通常是 IP11 型，没有特殊防护装置，用于干燥无灰尘、通风良好的场合。IP11 中的第一个"1"表示能防止直径大于 50mm 的固体异物进入电动机，IP11 中的第二个"1"表示垂直滴水对电动机无害。

防护式通常是 IP22 型和 IP23 型。IP22 中的第一个"2"表示能防止直径大于 12mm 的固体异物进入电动机，IP22 中的第二个"2"表示与垂直方向成 15°角以内的滴水对电动机无害。IP23 中的"3"表示与垂直方向成 60°角以内的滴水对电动机无害。防护式异步电动机具有防止外界杂物落入电动机内的防护装置，一般在转轴上装有风扇，冷却空气进入电动机内部冷却定子绕组端部及定子铁心后将热量带出来。J2 系列电动机就是笼型转子防护式异步电动机，JR 系列电动机是绕线转子防护式异步电动机。

封闭式通常是 IP44 型。IP44 中的第一个"4"表示能防止直径大于 1mm 的固体异物进入电动机，IP44 中的第二个"4"表示任何方向的溅水都对电动机无害。封闭式异步电动机外壳严密封闭，其冷却依靠装在机壳外面转轴上的风扇或外部风扇吹风，借机座上的散热筋将电动机内部发散出来的热量带走。这种电动机主要用在尘埃较多的场所，例如机床上使用的电动机。

GB/T 12974—2012《交流电梯电动机通用技术条件》规定，交流电梯电动机的冷却方式为 IC06 和 IC01。

GB/T 12974—2012《交流电梯电动机通用技术条件》规定，交流电梯电动机的结构及安装型式为 IMB3、IMB5。电动机的基本安装型式有三种：用底脚安装，用底脚附带凸缘安装，用凸缘安装。根据安装方向不同，其安装型式又可分为三种：卧式安装，立式安装轴伸向下，立式安装轴伸向上。安装型式由专门的代号表示，代号由代表"国际安装"（Internationl Mounting）的缩写字母"IM"、代表"卧式安装"的"B"或代表"立式安装"的"V"连同一位或两位阿拉伯数字组成，B 或 V 后面的阿拉伯数字代表不同的结构和安装特点。图 1-22 所示为常用的卧式安装型式，其中 IMB3 表示机座有底脚，用底脚安装；IMB35 表示机座有底脚，传动端端盖上的凸缘有通孔（螺孔），用底脚附带凸缘安装；IMB5 表示机座无底脚，传动端端盖上的凸缘有通孔，用凸缘安装。

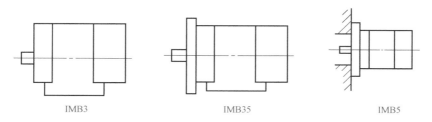

IMB3   IMB35   IMB5

图 1-22 卧式安装型式

GB/T 12974—2012《交流电梯电动机通用技术条件》规定，交流电梯电动机为断续周期工作制（S5），每小时起动次数可根据电梯的不同要求，分为 120 次/h、180 次/h、240 次/h。额定频率为 50Hz，额定电压为 380V，其电压波动应不超过额定电压值的 7%。电动机定子绕组的绝缘电阻在热状态时或温升试验后，应不低于 0.38MΩ。

二、电动机和其他电气设备的保护

GB 7588—2003《电梯制造与安装安全规范》中要求，电动机和其他电气设备的保护要满足以下条件：

1）直接与主电源连接的电动机应进行短路保护。

2）直接与主电源连接的电动机应采用自动断路器进行过载保护，该断路器应切断电动机的所有供电。

3）当对电梯电动机过载的检测是基于电动机绕组的温升时，则只有在符合下述第 6 条时才能切断电动机的供电。

4）如果电动机具有多个不同电路供电的绕组，则上述 2）和 3）的规定适用于每一绕组。

5）当电梯电动机是由电动机驱动的直流发电机供电时，则该电梯电动机也应该设过载保护。

6）如果一个装有温度监控装置的电气设备的温度超过了其设计温度，电梯不应再继续运行，此时轿厢应停在层站，以便乘客能离开轿厢。电梯应在充分冷却后再恢复正常运行。

三、绝缘电阻表

绝缘电阻表又叫摇表。它的刻度是以兆欧（MΩ）为单位的。绝缘电阻表由中大规模集成电路组成。本表输出功率大，短路电流值高，输出电压等级多（每种机型有四个电压等级）。工作原理为由机内电池作为电源，经 DC/DC 变换产生的直流高压由 E 极输出，经被测试品到达 L 极，从而产生一个从 E 极到 L 极的电流，经过 I/U 变换，由除法器完成运算，直接将被测的绝缘电阻值由 LCD 显示出来。绝缘电阻表是电力、邮电、通信、机电安装和维修以及利用电力作为工业动力或能源的工业企业部门常用而必不可少的仪表。它适用于测量各种绝缘材料的电阻值及变压器、电动机、电缆及电气设备等的绝缘电阻值。

※任务实施※

1. 绝缘电阻表的使用

绝缘电阻表是测量绝缘物质电阻的仪表。绝缘电阻用绝缘电阻表测定，使用时应注意：

1）测量前检查绝缘电阻表是否正常，开路时绝缘电阻表指针应指"∞"，短路时应指"0"。

2）将绝缘电阻表的两个接线柱分别用两根导线与被测物体上的两端相连接，再顺时针均匀地摇动手柄，使转速增至 120r/min 左右，待仪表指针稳定后在表盘上读取读数。

3）使用前需注意绝缘电阻表的电压与被测绝缘物的额定电压是否相配。

4）在测量绕组的绝缘电阻之前，要使被测绕组与其他线路或电器相脱离。

5）切勿在不测量时摇动手柄，以免发生触电危险。

2. 电动机定子绕组绝缘电阻的测量

电动机定子绕组绝缘电阻的测量步骤见表1-8。

表 1-8　电动机定子绕组绝缘电阻的测量步骤

序号	操作步骤	图片	注意事项
1	穿戴好绝缘防护服		
2	断开机房总电源并挂上"有人工作请勿合闸"的警告牌		必要时需上锁
3	（1）测量相对地的绝缘电阻		
	将电动机退出运行（大型电动机在退出运行后要先放电）		如运行时间过长，等冷却后再操作
	验明无电后拆去原电源线		拆除原电源线前做好标记
	将绝缘电阻表的"E"端测试线接到电动机外壳（例如端子盒的螺孔处），将绝缘电阻表的"L"端测试线接到电动机绕组任一端		接线端上原有连接片不拆
	摇动摇把达 120r/min，到 1min 时读取读数		必要时应记录绝缘电阻值及电动机温度
	撤除端子接线后停止摇表，并放电		
	（2）测量相间的绝缘电阻		
	拆去电动机接线端上原有连接片		

36

序号	操作步骤	图片	注意事项
3	将绝缘电阻表的"E"端和"L"端测试线各接一相绕组		
	摇动摇把到120r/min,到1min时读取读数		必要时应记录绝缘电阻值及电动机的温度
4	撤除端子接线后停止摇表,并放电		
5	测另外两个绕组间的绝缘,共三次（每次测量后均应放电）		

（1）判断　不论是对地绝缘还是相间绝缘,其合格值的要求如下：

1）对于新电动机,用1000V绝缘电阻表（交接试验）,绝缘电阻应不小于1MΩ。

2）对于运行过的电动机,用500V绝缘电阻表（预防性试验）,绝缘电阻应不小于0.5MΩ。

（2）测试过程中应注意的安全问题

1）正确地选表并做充分的检查。

2）被测电动机必须退出运行并拆除一二次电源线,对于大型电动机,退出运行后要先放电,按照测试电容器的方法摇测。每次测后也要放电,并验明确无电压。

3）每相摇测前后要进行人工放电。

4）测试时,注意与附近带电体保持安全距离（必要时应设监护人）。

5）人体不得接触被测端,也不得接触绝缘电阻表上裸露的接线端。

6）防止无关人员靠近。

3. 整理数据

将测量的数据进行整理。

※巩固与提高※

在进行曳引电动机U相对地绝缘电阻的测量时,发现其绝缘电阻为零。而V相和W相端子对地绝缘电阻符合国家标准的要求,请分析其原因并进行维修。

※综合训练※

（1）填空题

1）电动机外壳防护的型式通常可分为_____、_____、_____三种。

2）电动机的基本安装型式有三种：_____、_____、_____。

3）GB/T 12974—2012《交流电梯电动机通用技术条件》规定，交流电梯电动机的额定频率为_____，额定电压为_____，其电压波动应不超过额定电压值的_____。电动机定子绕组的绝缘电阻在热状态时或温升试验后，应不低于_____。

4）绝缘电阻表在使用前先进行_____试验和_____试验。

（2）问答题

使用绝缘电阻表的过程中应注意哪些问题？

※评价反馈※

评价反馈见工作页。

项目二
垂直电梯主要项目的月维护与保养

知识目标：

1. 了解国家标准对平层准确度的要求；

2. 掌握测量和调整平层准确度的方法；

3. 了解国家标准对曳引钢丝绳的要求，掌握测量和调整张力的方法。

能力目标：

1. 能利用万用表等工具，检查按钮、显示设备的状态；

2. 能维修电梯不平层、显示系统不正常等简单故障；

3. 能利用钢直尺等工具，测量轿厢的平层准确度；

4. 能正确地进入轿顶；

5. 能调整轿厢的平层；

6. 能利用拉力计、钢直尺等工具，测量并调整钢丝绳的张力。

素质目标：

1. 团队合作能力；

2. 安全意识；

3. 爱护工具及设备；

4. "5S" 工作习惯。

任务一 按钮、显示设备的维护与保养

※任务描述※

按照北京市地方标准 DB 11/418—2007《电梯日常维护保养规则》要求，本次任务是检查电梯的按钮、显示设备。

※任务分析※

电梯的按钮包括召唤按钮、轿厢内选按钮、开关门按钮及紧急操作按钮等。对于乘客，召唤按钮和内选按钮是经常需要操作的设备。通过显示设备，如楼层显示、方向显示等，乘客可以清楚地知道电梯运行的方向及电梯所在的楼层。对于电梯维修保养人员，紧

急操作按钮能够在维修电梯时，保护维修保养人员的安全。按照北京市地方标准 DB 11/418—2007《电梯日常维护保养规则》要求，电梯维修保养人员每个月要对电梯的各按钮、显示设备进行检查与维护保养。

※知识链接※

电梯轿厢是用于运送乘客或货物的电梯组件，一般由轿底、轿壁、轿顶、轿厢架（龙门轿架）等主要构件组成，如图 2-1 所示。

轿厢的承载构件是轿底 5，轿底被固定在龙门轿架 2 的下梁上。轿壁 4 固定在轿底上，在轿壁外层涂有防火隔音涂料。根据电梯使用场合和客户要求，轿壁内层可以喷漆，也可以配有各种装潢。在轿壁上装着轿顶 3。

轿底是一种水平的金属框架，通常在该框架沿着轿厢宽度方向设置横梁，轿厢的木质地板或金属地板就放置在水平框架上。水平框架和地板的设计按两倍额定载荷计算。图 2-2 所示为轿底与龙门轿架的一种连接形式。

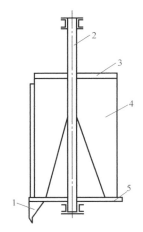

图 2-1　轿厢的构成示意图
1—护脚板　2—龙门轿架
3—轿顶　4—轿壁　5—轿底

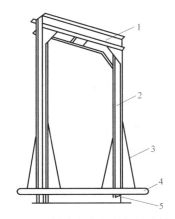

图 2-2　轿底与龙门轿架的连接
1—上梁　2—立梁　3—拉条
4—轿底　5—下梁

轿厢体形状像一个盒子，由轿底、轿壁、轿顶及轿门等组成，轿底框架采用规定型号及尺寸的槽钢和角钢焊成，并在上面铺设一层钢板或木板。为使之美观，常在钢板或木板之上再粘一层塑料地板。轿壁由几块薄钢板拼合而成。轿内壁板面上通常贴有一层防火塑料板或采用具有图案、花纹的不锈钢薄板等，轿壁与轿顶、轿底之间采用螺钉连接、紧固。轿顶的结构与轿壁的结构相似，要求能承受一定的载重，并有防护栏，还可以根据设计要求设置安全窗。有的轿顶下面装有装饰板，在装饰板上面安装照明和风扇。

一、轿厢内部结构

轿内是乘客乘坐电梯的空间。内选指令盘和司机操纵箱是轿内的主要设备。除此之外，轿内设备还包括照明、到站钟（可选部件）和通风设备等。

内选指令盘是乘客在轿厢内选层和控制的信号输入设备，包括如下结构部件：
1）轿内指令按钮，用以选择目的楼层。

2）开门、关门按钮，方便乘客手动开关门。

3）紧急呼叫按钮，当电梯出现困人故障时，乘客按此按钮与值班室人员取得联系。

4）楼层显示器，显示轿厢所在楼层及运行方向。

司机操纵箱是电梯处于有司机运行状态时，由司机操作的一组按钮或开关，主要包括：

1）检修/正常开关。当电梯正常运行时，此开关处于正常位置；当电梯处于维修状态时，此开关处于检修位置。

2）运行/急停开关。当电梯正常运行时，此开关处于运行位置；当电梯出现故障或处于维修状态而不让电梯运行时，此开关处于急停位置。

3）司机/无司机开关。进行有司机与无司机操纵功能的转换。

4）上行、下行按钮。在检修状态下，按下上行或下行按钮，使电梯以检修速度运行。有些电梯还需同时按下公共按钮。

二、轿厢顶部结构

轿厢顶部结构部件包括轿顶检修盒、轿顶防护栏、电梯门电动机、平层感应装置、导靴、限速器-安全钳联动机构的拉杆等设备。

轿顶检修盒是保证电梯维护与保养操作人员在轿顶安全操作的重要部件，包括急停按钮、检修开关、慢上按钮、公共按钮、慢下按钮、轿顶照明开关等部件。在轿顶工作前，必须验证轿顶检修盒内各开关的有效性。

轿顶急停按钮采用双稳态、具有自锁功能的蘑菇头式按钮，该按钮被按下后，不能自动复位，必须靠手动旋转复位。轿顶防护栏是用来保护电梯维护与保养操作人员安全的结构部件。操作人员在轿顶作业时，必须站在防护栏里，不允许人员或工具超出防护栏外沿，以保证安全。当电梯需要运行时，操作人员必须抓紧防护栏，站立在安全位置。

平层感应装置安装在轿顶上，与装在每一层站平层位置附近井道壁上的平层隔磁（或隔光）板配合使用，以实现电梯的可靠平层和正确显示楼层信号。

三、轿顶安全工作流程

1）戴好安全帽，穿好工作服、工作鞋。挂警示牌，放置围栏。

2）将轿厢停在合适位置。

3）用机械钥匙打开层门，观察轿厢位置。进入轿顶前，必须按下轿顶急停开关，将检修/正常开关转换到检修位置，开启照明装置，放入工具，再进入轿顶，关闭层门。

4）进入轿顶后，应站在轿顶板上，手要扶在牢固的部位，人员和工具均不得超出轿厢外沿，以防发生危险。禁止站在轿架横梁上。注意头顶上方的建筑物、井道四周的各种附属物及对重。若同一井道内有多台电梯，应注意相邻电梯运行时可能发生的危险。

5）在轿顶工作时，电梯起动之前检修人员应密切配合，一个人发出指令，另一个人复述指令后，方可启动电梯。检修/正常开关处在检修位置，将轿顶急停开关复位，使用检修速度开慢车。严禁开快车。

6）退出轿顶时，将轿厢停在合适位置。按下轿顶急停开关，打开层门，退出轿顶，把工具拿出来，然后将检修/正常开关转换到正常位置，再将轿顶急停开关复位，关闭照明后再关闭层门。

必要时，进入轿顶前应验证层门门锁、轿顶急停开关、检修/正常开关是否有效。方法如下：

1）将轿厢停在合适位置。

2）验证层门门锁是否有效。用层门机械钥匙打开层门（层门开启不要太大，10cm即可），观察轿厢位置，放入顶门器，按外呼按钮，等待10s，电梯没走，证明层门门锁有效。

3）验证轿顶急停开关是否有效。重新打开层门，按下轿顶急停开关，关闭层门，按外呼按钮，等待10s，打开层门，电梯没走，证明轿顶急停开关有效。

4）验证检修/正常开关是否有效。将检修/正常开关置于检修位置，将轿顶急停开关复位，关闭层门，按外呼按钮，等待10s，打开层门，电梯没走，证明检修/正常开关有效。

※任务实施※

轿厢按钮、开关的维护与保养步骤见表2-1。

表2-1　轿厢按钮、开关的维护与保养步骤

序号	操作步骤	图片
1	穿戴好绝缘防护服	
2	在基站和轿厢内放置"正在维修,请勿乘坐"的围栏	
3	对唤按钮和内选按钮进行检查	
4	进入轿厢,依次按下各楼层的内选按钮,观察按钮指示灯是否亮,电梯是否响应内选信号,楼层指示、运行方向指示是否正常	
5	安全进入轿顶,验证急停按钮和检修开关是否正常	

序号	操作步骤	图片
6	进入机房,验证机房急停按钮和检修开关是否正常	
7	验证完毕,如无异常,撤除围栏,将电梯投入运行	

※巩固与提高※

在进行检查时,发现某层召唤按钮不起作用,请分析原因并进行维修。

※综合训练※

（1）填空题

1）电梯轿厢是用于运送乘客或货物的电梯组件,一般由_____、_____、_____、_____等主要构件组成。

2）轿厢体形状像一个盒子,由_____、_____、_____、_____等组成。

3）_____是乘客在轿厢内选层和控制的信号输入设备。

4）轿顶急停按钮采用_____、具有_____的蘑菇头式按钮,该按钮被按下后,不能_____,必须靠手动旋转复位。

（2）问答题

如何安全进入轿顶?

※评价反馈※

评价反馈见工作页。

任务二　平层准确度的测量与调整

※任务描述※

按照北京市地方标准 DB 11/418—2007《电梯日常维护保养规则》要求,本次任务是检查电梯的平层准确度。

※任务分析※

按照北京市地方标准 DB 11/418—2007《电梯日常维护保养规则》要求,电梯维修保养人员每个月要对电梯的平层准确度进行测量，平层准确度应达到标准要求。

※知识链接※

一、电梯的平层准确度

平层是指轿厢接近停靠站时，欲使轿厢地坎与层门地坎达到同一平面的动作，也可理解为电梯在层站正常停靠时的慢速动作过程。平层准确度是指轿厢到站停靠后，其地坎上平面对层门地坎上平面垂直方向的误差值。

GB/T 10058—2009《电梯技术条件》第 3.3.7 条规定，电梯轿厢的平层准确度宜在 ±10mm 范围内，平层保持精度宜在 ±20mm 范围内。

在标准 GB/T 10058—2009《电梯技术条件》中，只规定了各类电梯轿厢平层准确度的范围数值，没有划分等级，但丝毫没有放宽标准。之所以这样规定，是因为更有利于电梯安装人员贯彻执行和认真落实。

在实际电梯安装过程中，对各类电梯轿厢平层准确度的要求直接关系到电梯的使用寿命。当电梯安装完毕进行平层准确度的调整时，轿厢内必须装有 50% 的额定载荷。平层准确度的调整应尽量取正值，轿厢地坎与层门地坎一开始不要在一条水平线上或取负值，以轿厢地坎高出层门地坎 10mm 左右为宜，当然也要因梯型而定。曳引驱动的电梯由钢丝绳同曳引轮绳槽的摩擦力来升降轿厢，电梯刚开始运行时，钢丝绳的拉伸长度随着轿厢内载重量的多少而变化，也就是说，当电梯以额定载重量运行时，轿厢地坎有微弱的下浮量，当轿厢空载运行时，轿厢地坎又反弹回原来的位置。运行一段时间后，这种反弹现象逐渐消失。这是因为电梯在使用过程中，钢丝绳会产生结构性伸长，主要是由于新钢丝绳在曳引轮运转过程中，产生揉搓作用而使钢丝绳逐渐地嵌入纤维芯所致。随着使用期限的延长，轿厢地坎与层门地坎的距离越来越小，直至水平或产生负值。这样电梯轿厢平层准确度就会较长时间内保持在规定数值范围内。

如果取负值，效果就不同了。随着电梯运行时间的增长，钢丝绳产生结构性伸长，电梯轿厢的平层准确度很容易超出标准规定的范围。到那时，对重一侧装有缓冲垫的电梯，可以拆卸一段，再调平层；没有安装缓冲垫的电梯，还要截断钢丝绳来保证电梯轿厢的平层准确度。这样做无形中会增大工作量。

二、电梯平层装置

电梯轿顶上装有平层感应器，在井道里装有隔磁板。当电梯运行到平层位置时，隔磁板插入到平层感应器中，从而发出门区信号，该信号传递到控制柜的微机中。微机将该信号进行分析处理后，发出停车指令，制动器抱闸，曳引电动机停止运行。平层感应器主要有两种类型。

1. 磁门区开关

磁门区开关如图 2-3 所示。

结构：由装于轿顶的磁开关和装于井道中的隔磁板组成。

工作原理：当电梯到达一个层站时，某层的隔磁板插入磁开关中，磁感应器内干簧管触点接通，从而发出门区信号。

— 44 —

2. 光电门区开关

光电门区开关如图 2-4 所示，它由装于轿顶的光电开关和装于井道中的隔磁板组成。其工作原理为当电梯到达一个层站时，某层的隔磁板插入光电开关中，光电接收装置接收不到信号，从而发出门区信号。

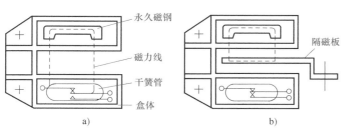

图 2-3　磁门区开关

a）隔磁板插入前　b）隔磁板插入后

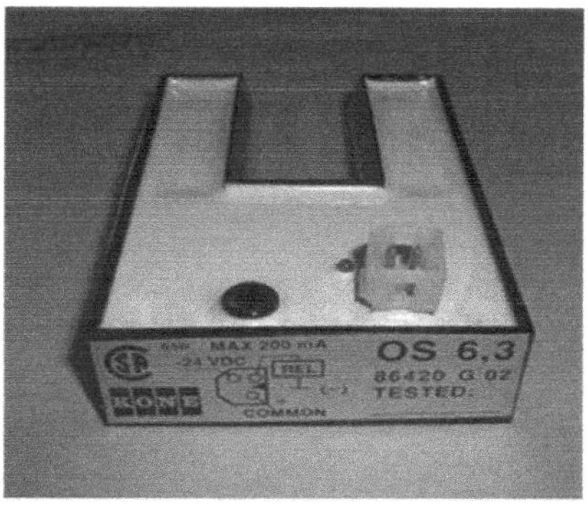

图 2-4　光电门区开关

※任务实施※

平层准确度的测量与调整步骤见表 2-2。

表 2-2　平层准确度的测量与调整步骤

序号	操作步骤	图片
1	穿戴好绝缘防护服	
2	在基站和轿厢内放置"正在维修,请勿乘坐"的围栏	
3	测量电梯平层准确度	
4	与国家标准对照，看是否满足要求	
5	安全进入轿顶	
6	调整隔磁板	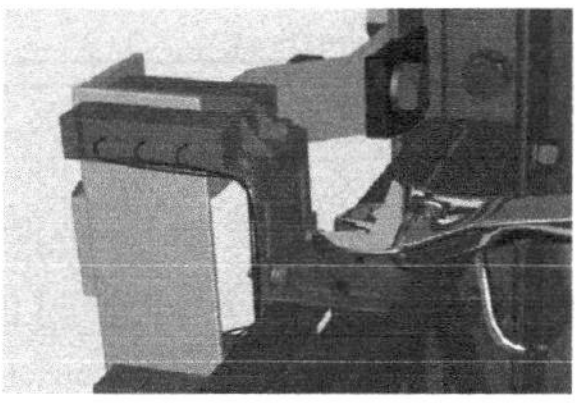

序号	操作步骤	图片
7	退出轿顶	
8	运行电梯,测量平层准确度	
9	与国家标准对照,看是否满足要求	
10	如不满足要求,则重新调整	
11	收拾工具、清理现场	

※巩固与提高※

电梯断电再平层装置的作用和功能

电梯断电再平层装置也称为电梯应急电源装置,其作用是当外电网出现异常情况(比如停电、跳闸、电压持续不稳定)时,没有安装该装置的电梯就会马上停止,这样轿门就不能打开将乘客放出来,而且轿厢也很可能停在非正常位置(比如两个楼层之间)。此时,就算强行把轿门打开,也难以将乘客解救出轿厢。如果配备了该装置的电梯,在遇到类似情况时,轿厢仍然能够自动运行至正常的平层位置,并自动打开轿门及层门让乘客离开。

从专业的角度来说,它的工作原理如下:

1)此装置以16位微机编程控制器为核心,作为应急运行时自动检测电梯系统门锁信号及有关安全链路信号,若其中任何一个信号发生故障,应急装置不会做出任何应急运行,以确保电梯的安全。

2)此装置在外用电正常供电时,自动处于充电状态并检测外电网状态,如外电网出现异常,该装置自动切断外电网,并发出应急指令,由电源逆变器向电梯提供380V/50Hz的电源。在应急运行过程中装置不断地自动检测三相逆变输出、速度传感器、门区位置感应器和安全链等。如发生异常情况,装置立即停机,确保轿厢及电梯乘客的安全。当应急装置得到平层信号时,电梯以一平滑的曲线减速停车,然后控制中心发出开门指令,打开电梯轿门及厅门,让乘客安全离开。

3)电梯应急运行结束后,该装置处于候电状态,当外电网恢复正常后,电梯转入正常运行。由于采用16位微机控制,无论在电网供电状态,还是应急运行状态,应急装置将与电梯同步检测各安全状态,并具有多重保护功能,确保电梯正常运行及应急运行时的安全。此设备可以彻底解决电梯设备遭遇停电关人的问题。

※综合训练※

(1)填空题

1)平层是指轿厢接近停靠站时,欲使_____与_____达到同一平面的动作,也可理解为电梯在层站正常停靠时的_____过程。

2)平层准确度是指轿厢到站停靠后,轿厢地坎上平面对_____地坎上平面垂直方向的误差值。

3）平层感应器主要有两种类型，即_____、_____。

4）GB/T 10058——2009《电梯技术条件》第 3.3.7 条规定，电梯轿厢的平层准确度宜在_____范围内，平层保持精度宜在_____范围内。

（2）问答题

简述电梯平层过程。

※评价反馈※

评价反馈见工作页。

任务三　曳引钢丝绳张力的测量与调整

※任务描述※

按照北京市地方标准 DB 11/418—2007《电梯日常维护保养规则》要求，本次任务是测量与调整曳引钢丝绳张力。

※任务分析※

按照北京市地方标准 DB 11/418—2007《电梯日常维护保养规则》要求，电梯维修保养人员每半年要对电梯的曳引钢丝绳进行维护保养，标准要求曳引钢丝绳张力均匀，曳引钢丝绳绳头组合螺母无松动。

※知识链接※

曳引钢丝绳也称曳引绳，电梯专用钢丝绳连接轿厢和对重，并靠曳引机驱动使轿厢升降。它承载着轿厢、对重装置、额定载重量等重量的总和。曳引钢丝绳在机房穿绕曳引轮、导向轮，一端连接轿厢，另一端连接对重装置。

一、曳引钢丝绳的结构和材料要求

曳引钢丝绳一般为圆形股状结构，主要由钢丝、绳股和绳芯组成。钢丝绳股由若干根钢丝捻成，钢丝是钢丝绳的基本强度单元；绳股是由钢丝捻成的每股绳直径相同的钢丝绳，股数多，疲劳强度就高。电梯用一般是 6 股和 8 股。绳芯是被绳股缠绕的挠性芯棒，通常由纤维剑麻或聚烯烃类（聚丙烯或聚乙烯）的合成纤维制成，能起到支承和固定绳的作用，且能存储润滑剂。钢丝绳中钢丝的材料由碳的质量分数为 0.4% ~1% 的优质钢制成，为了防止脆性，材料中硫、磷等杂质的质量分数不应大于 0.035%。

二、钢丝绳的更换准则

一般可以从以下四个方面来考虑钢丝绳的更换准则：大量出现断裂的钢丝绳；磨损与

钢丝绳的断裂同时产生和发展；表面和内部产生腐蚀，特别是内部腐蚀，可以用磁力探伤机检查；钢丝绳使用的时间已相当长。当然不能随使用频率而一概而论，一般安全期最少要有一年，如已经用 3~5 年，就值得考虑，要正确地判定时间，还需从定期检查的记录中进行分析判断。若断丝在各绳股之间均布，或在一个捻距内的最大断丝数超过 32 根（约为钢丝绳总丝数的 20%），或断丝集中在一个或两个绳股中，或在一个捻距内的最大断丝数超过 16 根（约为钢丝绳总丝数的 10%），或曳引钢丝绳磨损后其直径小于或等于原钢丝绳公称直径的 90%，或曳引钢丝绳表面的钢丝有较大磨损或腐蚀，则需更换。

三、弹簧式悬挂均衡受力装置的基本结构与调整

弹簧式悬挂均衡受力装置如图 2-5 所示，在轿顶和对重架分别设置绳头板，将已截取的钢丝绳（按规定长度截取）两端分别插入特制的锥套并将钢丝绳两端制作绳头，然后浇注巴氏合金与锥套连接，再将锥套螺杆插入绳头板，装上绳头弹簧和垫圈用螺母拧紧。绳头弹簧通常排成两排，平行于曳引轮轴线序列，相互之间的距离应尽可能小，以保证曳引钢丝绳在最大斜行牵引度范围之内。

图 2-5　弹簧式悬挂均衡受力装置

均衡受力调整：当螺母拧紧时，弹簧受压，曳引钢丝绳的拉力随之增大，曳引绳被拉紧；反之，当螺母放松时，弹簧伸长，曳引钢丝绳受力减小，曳引钢丝绳就变得松弛。由此，收紧和放松螺母以改变弹簧受力，达到均衡各钢丝绳受力的目的。但压缩弹簧不宜太软或太硬，否则会影响轿厢运行的舒适感。GB 7588—2003《电梯制造与安装安全规范》中规定：曳引钢丝绳应受力均匀，每根钢丝绳的张力与全部钢丝绳张力的平均值相比，误差应在 ±5% 的范围内。曳引钢丝绳张力的测量工具为拉力计。测量时应分两个部分，一是对重侧钢丝绳的张力，二是轿厢侧钢丝绳的张力。

1. 对重侧钢丝绳张力的测量步骤

将轿厢停在整个楼层的 2/3 高度，安全进入轿顶，用拉力计依次测量对重侧每根钢丝绳的张力，将每根钢丝绳拉起相同的长度，记录拉力数据，并求其平均值。

2. 轿厢侧钢丝绳张力的测量步骤

将对重停在整个楼层的 2/3 高度，将层门打开并固定，按下轿顶急停按钮，在层门处用拉力计依次测量轿厢侧每根钢丝绳的张力，将每根钢丝绳拉起相同的长度，记录拉力数据，并求其平均值。

3. 钢丝绳张力计算方法

将所记下的拉力值相加，再除以钢丝绳数，即得出曳引绳所受张力的平均值，再用公式"实际张力读数值减去张力平均值，再除以张力平均值，再乘以 100%"计算出数值，根据计算结果，调整相应曳引钢丝绳的调整螺母，一直调到各曳引钢丝绳张力相近为止。

四、钢丝绳均衡受力装置

曳引比方式为 1：2 或 2：1 的、有/无曳引减速器的低、中、高速电梯，既可以同时

在轿厢和对重处设置钢丝绳均衡受力装置，也可以在一处设置弹簧式悬挂均衡受力装置，在另一处设置钢丝绳均衡受力装置。其中2∶1方式拖动的电梯，其均衡受力装置的设置固定在机房内的地板上或钢梁上，不可没有均衡受力装置。

※任务实施※

曳引钢丝绳张力的测量与调整步骤见表2-3。

表2-3　曳引钢丝绳张力的测量与调整步骤

序号	操作步骤	图片	注意事项
1	穿戴好绝缘防护服		
2	在基站和轿厢内放置"正在维修,请勿乘坐"的围栏		
3	将轿厢停放在整个楼层高度的3/4处		
4	安全进入轿顶,将钢丝绳编号		
5	一人用拉力计依次测量每根钢丝绳的拉力,一人用钢板尺测量拉伸距离,一人记录拉力值		每根钢丝绳要拉伸相同的距离
6	计算偏差值,看是否符合要求;如不符合要求,则用扳手进行调整		
7	调整完成后,使电梯往返运行5次后再测量各钢丝绳张紧度,如不能满足要求,则应重新调整,并按上述方法再次确认,直至符合要求		
8	收拾工具,清理现场		

※巩固与提高※

曳引钢丝绳的润滑维护

在电梯使用过程中，对钢丝绳应进行适时的清洗和润滑。缺乏维护是钢丝绳寿命短的主要原因之一。

在电梯定期检验中，检验员经常发现曳引钢丝绳表面积聚着一层油污，这是从钢丝绳内渗出的润滑油和灰尘混在一起形成的，如不及时清洗，不仅影响钢丝绳的使用寿命，还会改变曳引钢丝绳在曳引轮槽中的摩擦系数，降低曳引能力，在轿厢轻载或重载的情况下，可能造成曳引钢丝绳打滑，导致轿厢冲顶或蹲底。

通常情况下，新出厂钢丝绳大部分在生产时已经进行了润滑处理，但在使用过程中，润滑油脂会流失减少。鉴于润滑不仅能够对钢丝绳在运输和存储期间起到防腐保护的作用，而且能够减少钢丝绳使用过程中各钢丝之间、绳股之间和钢丝绳与曳引轮槽之间的磨损，并且对延长钢丝绳使用寿命也十分有益。因此，为把腐蚀、磨损对钢丝绳的危害降到最低程度，进行润滑检查十分必要。首先一定要选择适宜的钢丝绳润滑油脂，电梯钢丝绳润滑油脂应采用有一定摩擦系数的专用摩擦油脂，高性能的钢丝绳润滑油脂是维护钢丝绳、延长钢丝绳寿命的根本保障。钢丝绳在工作时，内部呈现三维方向的微动摩擦，这就需要钢丝绳润滑脂必须具有很强的渗透性能，即让润滑油脂中的润滑油分子抗磨剂成分能渗透到每根钢丝中。另外，钢丝绳润滑油脂还必须具有较强黏附性能，以保证其均匀地黏附到每根钢丝绳中。通常对钢丝绳的润滑保养有以下三种方法：一种是将钢丝绳拆卸下来，放进温度为 80~100℃ 的润滑油中浸泡 2~4h；另一种是用刷子将润滑剂直接刷在钢丝绳上，关键是涂刷的方法和时间间隔要掌握好，一般来说直径约 12mm 的钢丝绳，每 40m 大约涂刷 1kg 的润滑油脂，涂刷间隔在两周左右；第三种是使用专用的钢丝绳润滑设备对钢丝绳进行润滑，这种方法最省事，但设备的成本较高。具体采用哪种润滑剂及润滑方法，应按钢丝绳制造厂的规定要求进行。目前电梯维护保养单位真正重视钢丝绳润滑维护的还不是很多，很多单位已经习惯于更换新的钢丝绳，而不注重润滑管理。

※综合训练※

（1）填空题

1）曳引钢丝绳也称曳引绳，电梯专用钢丝绳连接_____和_____，并靠曳引机驱动使轿厢升降。

2）曳引钢丝绳一般为圆形股状结构，主要由_____、_____和_____组成。

3）曳引钢丝绳绳头螺母拧紧时，弹簧受压，曳引钢丝绳的拉力随之_____，曳引钢丝绳被_____。反之，当螺母放松时，弹簧伸长，曳引钢丝绳受力_____，曳引钢丝绳就变得_____。

4）GB 7588—2003《电梯制造与安装安全规范》中规定：曳引钢丝绳应受力均匀，每根钢丝绳的张力与全部钢丝绳张力的平均值相比，误差应在_____的范围内。

（2）问答题

简述曳引钢丝绳张力测量与调整的方法。

※评价反馈※

评价反馈见工作页。

项目三
垂直电梯主要项目的季度维护与保养

知识目标：

1. 知道导靴的作用、种类及国家标准要求；

2. 知道轿门的结构；

3. 了解国家标准对轿门各处间隙的要求。

能力目标：

1. 能利用螺钉旋具等工具拆卸导靴；

2. 能润滑导靴；

3. 能利用螺钉旋具等工具安装导靴；

4. 能利用钢直尺、螺钉旋具等工具，测量并调整轿门的间隙；

5. 能利用塞尺等工具，测量并调整安全钳与导轨的间隙。

素质目标：

1. 团队合作能力；

2. 安全意识；

3. 爱护工具及设备。

任务一　导靴的维护与保养

※任务描述※

　　按照北京市地方标准 DB 11/418—2007《电梯日常维护保养规则》要求，本次任务是导靴的拆卸、安装及润滑。

※任务分析※

　　按照北京市地方标准 DB 11/418—2007《电梯日常维护保养规则》要求，电梯维修保养人员每季度要对电梯的导靴进行维护保养，标准要求导靴、油杯、吸油毛毡齐全，油量适宜，保证油质，靴衬、滚轮无变形、脱落。

※知识链接※

导靴是电梯导轨与轿厢之间可以滑动的尼龙块，它可以将轿厢固定在导轨上，让轿厢只可以上下移动。导靴上部还有油杯，其作用是减小靴衬与导轨的摩擦力。

每台电梯轿厢安装四套导靴，分别安装在上梁两侧和轿厢底部安全钳座下面，四套对重导靴安装在对重梁的底部和上部。

固定在轿厢上的导靴可以沿着安装在建筑物井道墙体上的固定导轨往复升降运动，防止轿厢在运行中偏斜或摆动。

目前，国内生产的电梯在减少噪声、提高舒适感、缩小平层误差等方面，还有待提高。这些方面差强人意的主要原因之一就是导靴的选择、维护保养及检修不当。导靴与导轨规格不合适或装配间隙不当以及导靴靴衬磨损等都会造成轿厢抖动或产生摩擦，甚至导靴有脱出导轨的危险。

一、导靴的种类

1. 轿厢导靴

导靴按其在导轨工作面上的运动方式不同，可分为滑动导靴和滚动导靴。

（1）滑动导靴　滑动导靴按其靴头的轴向是固定的还是浮动的，可分成固定滑动导靴和弹性滑动导靴。固定滑动导靴（又称刚性滑动导靴）如图3-1所示，其导靴与导轨的配合存在着较大间隙，在运动时会产生较大的振动和冲击，因此通常用于1m/s以下的电梯。但其结构简单，具有较好的刚度，承载能力强而被广泛用于载重3000kg以上，速度0.5m/s以下的低速大吨位的货梯上。弹性滑动导靴如图3-2所示，它又分为单向浮动性弹簧式滑动导靴及橡胶弹簧式滑动导靴。对于单向浮动性弹簧式滑动导靴，在垂直于导轨端面的方向上能起缓冲作用，但其与导轨侧工作面间仍留有较大间隙，这就使它对导轨侧工作面方向上的振动与冲击没有减缓作用。采用这种导靴的电梯额定速度上限为1.75m/s。由于橡胶弹簧式滑动导靴的靴头具有一定的方向性，因此在导轨侧工作面方向上也有一定的缓冲性能，其工作性能较优，适用的电梯速度范围也相应增大。

图3-1　固定滑动导靴

图3-2　弹性滑动导靴

弹性滑动导靴靴衬磨损后会使接触压力下降，在磨损量不大的情况下，可以转动螺杆调节，把靴头向前推，增大接触压力，保证轿厢运行平稳。但接触压力不宜过大，否则会增大运行的阻力，加快靴衬磨损。靴头可以在靴座内自由转动，当导轨安装不直或靴衬侧面上下两端磨损不均匀时，靴头的微小摆动可以补偿，防止轿厢振动或卡轨。有的电梯制造厂同时供应两种靴衬：一种是铸铁的，装在靴头内，用于使用之初磨合导轨；另一种是尼龙的，导轨磨合之后再由用户（使用单位）更换。其优点是能减缓导靴磨损，采用磨合导轨可以提高导轨表面粗糙度，克服加工缺陷。

（2）滚动导靴　滚动导靴又称滚轮导靴，如图3-3所示。滚动导靴由于采用了滚动接触，可以减少导靴和导轨之间的摩擦阻力，节省动力，减少振动和噪声，用于高速电梯和矿用电梯上（2m/s以上）。滚轮对导轨的初压力大小通过调节弹簧的被压缩量加以调节。滚轮对导轨不应歪斜，在整个轮缘宽度上与导轨工作面应均匀接触。当轿厢运行时，三个滚轮应同时滚动，以保持轿厢平稳运行。

使用滚动导靴不允许在导轨工作面上加润滑油，以免打滑。而滑动导靴需加润滑油，以减小摩擦阻力。通常是将油盒放在两个上部导靴的顶部，油盒里的润滑油通过毛毡均匀地涂到导轨工作面上，达到自动润滑的目的。

图3-3　滚动导靴

2. 对重导靴

对重导靴结构比轿厢导靴简单。靴衬两边用角钢夹住，角钢安装在对重框架上。

二、导靴的故障和维修

1. 导靴的故障及排除

电梯在运行中抖动或有摩擦声，其产生原因很多，这里仅从导靴方面的故障现象提出可能产生的原因及排除方法。

1）靴衬油槽中卡入异物，应清除异物并清洗靴衬。

2）靴衬磨损严重，使两端金属盖板与导轨发生摩擦，应更换靴衬。

3）井道两边导轨工作面之间的间隙过大，应调整导靴，保持正常顶隙。

4）靴衬磨损不均匀或磨损相当严重，应更换靴衬或调整嵌片式靴衬的侧衬，调整导靴弹簧，使四个导靴压力均匀。

5）滚动导靴的滚轮不均匀磨损，应更换滚动导靴的滚轮或车修滚轮。

2. 导靴的维修与检查

1）轿厢导靴的靴衬侧面与导轨间隙为0.5~1mm。弹性滑动导靴靴衬与导轨顶面无间隙，导靴弹簧的调节范围不超过5mm。固定滑动导靴靴衬与导轨顶面间隙为1~2mm。对重导靴靴衬与导轨顶面间隙不大于2.5mm。滚动导靴的滚轮与导轨面间隙为1~2mm。

2）把轿厢和对重运行在同一水平，检查轿厢和对重上部的导靴。向两侧来回摆动轿厢或对重框架，可以检查侧隙大小和靴衬磨损情况，还可以对弹簧的硬软进行检查。如果顶隙过大，可以把靴衬取下在其顶面加垫片调整。侧隙过大者，如果是嵌片式靴衬，可旋进侧靴衬螺栓调整好侧隙；如果是整体式靴衬，则可在靴衬侧背面加垫片调整，使间隙一边稍大，但由于结构上的原因，效果不如嵌片式好，所以最好的方法是更换新靴衬。检查导靴与轿厢架、对重框架的紧固情况，最好用弹簧垫圈防止螺母松动。

3）靴衬磨损严重，间隙过大或安装歪斜，会造成轿厢行驶"啃道"现象。"啃道"现象可以用下述迹象来判断：导轨侧面有一条狭小而又明亮的痕迹，严重时痕迹上带有毛刺；靴衬侧面呈喇叭口并有毛刺；轿厢行驶中，尤其在起动和平层时走偏、扭摆。出现"啃道"的原因是：导轨扭曲、歪斜或松动；上下导靴安装未对中，且与导轨间隙不一致；轿厢架变形或靴座螺栓松动；靴衬外形尺寸太小，在靴头内晃动。

4）经常查看导轨润滑，及时清除靴衬内的脏物。对于滑动导靴的导轨工作面，按规定清洗，每周加油一次，每年清洗一次。如有自动加油装置，用 HJ-40 润滑油；如无自动加油装置，用钙基润滑脂。对于滚动导靴的导轨工作面，不加润滑油，但其工作面要清洁，滚轮在运行中不应有明显打滑现象。滚动导靴轴承每月注一次钙基润滑脂，每半年清洗一次。

※**任务实施**※

导靴维修与检查的步骤见表 3-1。

表 3-1　导靴维修与检查的步骤

序号	操作步骤	图片	注意事项
1	穿戴好绝缘防护服		
2	在基站和轿厢内放置"正在维修,请勿乘坐"的围栏		
3	安全进入轿顶		
4	用塞尺测量导靴间隙并记录		
5	与标准比较,如不符合要求,应进行调整		如果顶隙过大,可以把靴衬取下,在其顶面加垫片调整。如果侧隙过大,是嵌片式靴衬,可旋进侧靴衬螺栓调整好侧隙
6	调整完成后,退出轿顶,将电梯投入运行		
7	收拾工具,清理现场		

※巩固与提高※

电梯导靴的安装

导靴的安装方法是放在轿厢架导轨的安装位置上，找正位置后，用螺栓固定在轿厢导轨架上。导靴的安装必须满足下列要求：

1）上、下导靴安装就位后，应在同一条垂直线上，不允许有歪斜、偏扭，确保上、下导靴与安全钳口中心三点连成一线。

2）固定式导靴主要用于货梯，两侧面间隙应一致，内衬与轨道顶面间隙应为0.5~2mm。

※综合训练※

（1）填空题

1）导靴是电梯_____与_____之间可以滑动的尼龙块，它可以将轿厢固定在_____上，让轿厢只可以上下移动，导靴上部还有_____，其作用是减小靴衬与导轨的摩擦力。

2）每台电梯轿厢安装四套导靴，分别安装在_____和轿厢底部_____下面，四套对重导靴安装在对重梁的_____和_____。

3）导靴按其在导轨工作面上的运动方式不同，可分为_____和_____。

4）轿厢导靴的靴衬侧面与导轨间隙为_____。弹性滑动导靴靴衬与导轨顶面无间隙，导靴弹簧的调节范围不超过_____。固定滑动导靴靴衬与导轨顶面间隙为_____。对重导靴靴衬与导轨顶面间隙不大于_____。滚动导靴的滚轮与导轨面间隙为_____。

（2）问答题

简述电梯导靴与导轨间隙的测量与调整方法。

※评价反馈※

评价反馈见工作页。

任务二　电梯轿门各处间隙的测量与调整

※任务描述※

按照北京市地方标准 DB 11/418—2007《电梯日常维护保养规则》要求，本次任务是电梯轿门间隙的测量与调整。

※任务分析※

按照北京市地方标准 DB 11/418—2007《电梯日常维护保养规则》要求，厅轿门各固定部位无松动，间隙尺寸无变化。

※知识链接※

一、电梯轿门

电梯门通常由轿门、层门以及附属部件组成。轿门封住轿厢的出入口，以保证电梯安全运行。

封闭式轿门上方设置有滚动轴承，通过滚动轴承把门吊挂在门导轨上，而门导轨则固定在轿顶上。在门下方设置有门滑块，门滑块的一端固定在轿门上，另一端插入轿门踏板的小槽内。开/关门时，门上方的滚动轴承在门导轨上滑动，门下方的门滑块在轿门踏板的小槽内滑行，使门在开/关过程中只能在预定的垂直面上运行。

1. 自动开/关门机构

无司机电梯的普遍推广，要求电梯一定要具有自动开/关门机构。

图 3-4、图 3-5 分别为中分式（包括中分双折门）开/关门机构和双折式开/关门机构简图。

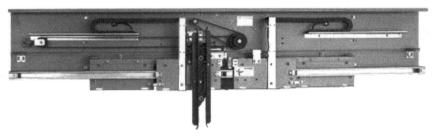

图 3-4　中分式开/关门机构

（1）开/关门机构的一般工作原理　开/关门机构设置在轿厢上部特制的钢架上。当电梯需要开门时，开/关门电动机通电旋转，经胶带轮减速，当最后一级减速胶带轮转动 180°时，门达到开门的最后位置；当需要关门时，电动机反转，经胶带轮减速，当最后一级减速胶带轮转动 180°时，门达到关门的最后位置。

（2）开/关门机构的安装要求　对于双折门，当门关闭时，图 3-5 铰点 1 和 2 的位置应该处在同一条水平线上。如果铰点 1 的位置高于或低于铰点 2 的位置，门就能够从外部撬开，容易发生事故，不符合电梯安全规程的要求。

图 3-5　双折式开/关门机构
1—铰点 1　2—铰点 2

（3）开/关门的调速要求　在关门（或开门）的起始阶段和最后阶段都要求门的速度不要太高，以减少门的抖动和撞击，为此在门的关闭和开启的过程中需要有调速过程，通常是机械上要配合电气控制线路，设置微动调速开关。

（4）带传动速比的计算　设开门电动机转速为 n（r/min），开门时间为 t（s），则胶

带传动速比为

$$i = \frac{n/60}{1/(2t)} = \frac{nt}{30}$$

（5）对开/关门电动机的功率要求　如果开/关门的电动机功率不够大，就不能保证电梯正常开/关门的要求。如果电动机功率选得过大，则当门夹人时，在安全触板、光电保护装置以及轿门上的关门力限制器都失灵的情况下，关门夹人的力量就有可能大大超过电梯安全规程中规定的150N。因此，选择开/关门电动机功率时一定要经过认真的计算。

2. 门刀

电梯井道的每一层都有一个层门来封闭，平时，每一层的层门都在门锁的作用下是关闭的，乘客在层门外不能用手扒开，以保证安全。门锁的打开是靠轿门"刀片"的张开来实现的。

当电梯运行时，安装在轿门上的开门刀片张开，当电梯停站开门时，两刀片逐渐闭合，将门锁打开，电梯层门在轿门的带动下，逐渐打开。

二、国家标准对电梯轿门间隙的要求

GB/T 10058—2009《电梯技术条件》规定，为保证电梯的安全运行，层门和轿门与周边结构（如门框、上门楣等）的缝隙只要不妨碍门的运动应尽量小，标准要求客梯门的周边缝隙不大于6mm，货梯不大于8mm。

电梯的门刀与门锁轮的位置要调整精确，在电梯运行中，门刀经过门锁轮时，门刀与门锁轮两侧的距离要均等；通过层站时，门刀与层门地坎的距离和门锁轮与轿门地坎的距离均应为5~10mm。距离太小容易碰擦地坎，太大则会影响门刀在门锁轮上的啮合深度，一般门刀在工作时应与门锁轮在全部厚度上接触。

※任务实施※

电梯轿门间隙的测量步骤见表3-2。

表3-2　电梯轿门间隙的测量步骤

序号	操作步骤	图片	注意事项
1	穿戴好绝缘防护服		
2	在基站和轿厢内放置"正在维修,请勿乘坐"的围栏		
3	将电梯轿门处于关闭状态,沿门开启方向,通过测力装置施加150N的力在一个最不利的点上,用钢直尺测量门扇与门扇的间隙		

项目三

序号	操作步骤	图片	注意事项
4	将轿厢平层,使轿门及层门处于开启状态,用钢直尺测量电梯轿门与层门地坎间的距离		
5	在轿厢内部,用钢直尺测量门扇与门框的间隙		
6	将测量的数据进行整理,并与 GB/T 10058—2009《电梯技术条件》中的要求相比较,如不符合要求,应进行调整		
7	测量与调整完毕,将电梯投入运行		
8	收拾工具,清理现场		

※巩固与提高※

电梯轿厢面积的要求

GB 7588—2003《电梯制造与安装安全规范》中要求:为了防止人员的超载,轿厢的有效面积应予以限制。为此额定载重量和最大有效面积之间的关系见表3-3。

表 3-3　轿厢额定载重量和最大有效面积之间的关系

额定载重量/kg	轿厢最大有效面积/m²	额定载重量/kg	轿厢最大有效面积/m²
100①	0.37	900	2.20
180②	0.58	975	2.35
225	0.70	1000	2.40
300	0.90	1050	2.50
375	1.10	1125	2.65
400	1.17	1200	2.80
450	1.30	1250	2.90
525	1.45	1275	2.95
600	1.60	1350	3.10
630	1.66	1425	3.25
675	1.75	1500	3.40
750	1.90	1600	3.56
800	2.00	2000	4.20
825	2.05	2500③	5.00

① 一人电梯的最小值。
② 两人电梯的最小值。
③ 额定载重量超过 2500kg 时, 每增加 100kg, 面积增加 0.16m²。对中间的载重量, 其面积由线性插入法确定。

※综合训练※

（1）填空题

1）封闭式轿门上方设置有_____，通过_____把门吊挂在门导轨上，而门导轨则固定在_____。

2）当电梯运行时，安装在轿门上的开门刀片_____，当电梯停站开门时，两刀片逐渐_____，将门锁打开，电梯层门在_____的带动下，逐渐打开。

3）GB/T 10058—2009《电梯技术条件》规定，为保证电梯的安全运行，层门和轿门与周边结构（如门框、上门楣等）的缝隙只要不妨碍门的运动应尽量小，标准要求客梯门的周边缝隙不大于_____，货梯不大于_____。

（2）问答题

简述电梯轿门的工作过程。

※评价反馈※

评价反馈见工作页。

任务三　安全钳与导轨间隙的测量与调整

※任务描述※

按照北京市地方标准 DB 11/418—2007《电梯日常维护保养规则》要求，本次任务是安全钳与导轨间隙的测量与调整。

※任务分析※

按照北京市地方标准 DB 11/418—2007《电梯日常维护保养规则》要求，电梯维修保养人员每季度要对电梯的导靴进行维护保养，标准要求安全钳传动机构应灵活，安全钳钳座固定无松动，安全钳楔块与导轨间隙均匀，动作一致。

※知识链接※

一、安全钳的定义

电梯安全钳装置是在限速器的操纵下，当电梯出现超速、断绳等非常严重的故障后，将轿厢紧急制停并夹持在导轨上的一种安全装置。它对电梯的安全运行提供有效的保护作用，一般将其安装在轿厢架或对重架上。安全钳装置由安全钳操纵机构和安全钳体两部分组成，即安全钳机构动作时，首先触动电气机构，使电梯安全回路断开制停电梯，如果制动器无法制停，安全钳就会进一步动作，使电梯制停在导轨上。

二、安全钳的种类与应用

电梯安全钳根据其工作原理不同可分为两种类型，即瞬时型和渐进型。

1）瞬时型安全钳结构的制动元件是刚性的，其制动力利用的是自锁夹紧原理。根据夹紧元件不同，其常见的有楔型和滚子型这两种。一旦夹紧元件与导轨接触，就不需任何外力而依靠自锁夹紧作用夹紧导轨，制动力很大，能使轿厢立即停止。轿厢制停过程中轿厢的动能和势能主要由安全钳的钳体变形和挤压导轨所消耗。其中楔型安全钳80%的能量由安全钳的钳体变形吸收，滚子型安全钳近80%的能量由挤压导轨吸收。由于制停时产生较大的减速度，根据 GB 7588—2003《电梯制造与安装安全规范》中的规定，瞬时型安全钳只能用于 0.63m/s 以下的电梯。

2）渐进型安全钳制动元件是通过某些部件的作用，使制动力受控而不至于使产生的减速度过大。目前最常用的渐进型安全钳是恒制动力型安全钳，常见的有楔块型和滚子型这两种，其原理与瞬时安全钳的不同之处在于夹紧元件的支承点不同：瞬时安全钳的夹紧元件支承在刚性元件上，而渐进型安全钳的夹紧元件支承在弹性元件上，其夹紧力是在制动元件锁死后，由弹性元件的弹力决定的。其弹性元件的压紧力恒定，由此产生的摩擦力也是恒定的，因此其制停减速度是不变的。当安全钳动作时，能较好地保护人身与电梯设备的安全。渐进型安全钳可用于所有电梯中。

三、安全钳的检验

1. 安全钳的操纵机构是否灵活

安全钳的操纵机构是一组连杆系统。在检验过程中，查看连杆系统是否灵活，是否锈蚀；提升高度若超过 30m，还要检查是否安装有防跳器，防跳器是否有效。因为提升高度超过 30m 后，电梯的起动、停车将引起安全钳连杆机构的晃动，甚至导致安全钳误动作。安装防跳器将产生一定的锁紧力，保持安全钳连杆机构稳定。但其锁紧力不能过大，一般不大于 300N，因为安全钳装置动作所需的力是由限速器夹绳钳提供的。根据电梯安全技术规范的规定，限速器夹绳钳力应至少为带动安全钳起作用所需力的 2 倍，并不小于300N，因此，如果防跳器的锁紧力过大，必将导致限速器动作后，安全钳无法动作的现象。在检验防跳器是否有效时，一方面通过手动试验检验是否有保持安全钳连杆机构稳定的作用，另一方面要通过安全钳、限速器联动试验来验证防跳器的锁紧力是否过大导致限速器动作后，安全钳无法动作的现象。

2. 安全钳的摩擦块硬度与导轨表面硬度是否匹配

安全钳的制动力来源于安全钳与导轨的摩擦力，因此必须保证摩擦块与导轨之间有一定的摩擦系数。一般要求摩擦块的硬度要低于导轨的硬度，一方面让摩擦块与导轨有较大的摩擦系数，另一方面，摩擦块的硬度低于导轨的硬度也有利于保护导轨的使用寿命。现场检验时可以通过硬度计对摩擦块及导轨进行多点测量，这样便于对表面硬度进行全面了解。

3. 导轨与摩擦块表面是否洁净

目前，导轨出厂时由于保护的需要，往往在导轨表面涂一层防锈油，然而润滑与摩擦是一对矛盾体，涂防锈油是否会对安全钳动作产生的摩擦力有影响呢？通过多次试验表明，安全钳制动滑移过程不同于一般的平面摩擦运动。在此过程中摩擦块与导轨之间存在很大的比压和接触应力，在摩擦面产生很大的热量而使表面过热。在制动过程中可以看到摩擦火花飞溅，同时在导轨表面已失去了金属光泽。在这种强力的摩擦下，导轨表面已无法形成润滑条件了。但在检验过程中必须检验摩擦块表面是否有异物、生锈和多次试验后产生的铁屑等。若有，必须加以清除。

4. 导轨与摩擦块间隙是否符合要求

两边摩擦块与导轨的间隙是否合适、均匀，现场检验时可使用塞尺进行测量，一般在 2~3mm 即为合格。这也是保证安全钳动作时，轿厢地板的倾斜度不应超过其正常位置 5% 的前提。

5. 安全钳、限速器的联动试验

轿厢均匀布置额定载荷（定期检验空载），短接限速器和安全钳电气开关。电梯以检修速度向下运行，人为动作限速器，使轿厢可靠制停。检查安全钳在导轨上的制停痕迹是否一致；根据制停痕迹测量制停距离是否符合设计规范；检查安全钳电气安全开关是否为非自动复位开关，是否有效；测量轿厢地板的倾斜度是否超过其正常位置的 5%。

※任务实施※

安全钳与导轨间隙的测量步骤见表 3-4。

表 3-4　安全钳与导轨间隙的测量步骤

序号	操作步骤	图片	注意事项
1	穿戴好绝缘防护服		
2	在基站和轿厢内放置"正在维修,请勿乘坐"的围栏		
3	将电梯提升到下端站以上至少两层,安全进入底坑		进入底坑前应验证门锁、急停开关,确认全部有效后方可进入
4	将轿厢以检修速度下行到合适位置		
5	用塞尺测量钳块与导轨的间隙		
6	读出塞尺的数据,以 2~3mm 为合格,如不符合要求,进行调节		
7	测量与调整完毕,将电梯投入运行		
8	收拾工具,清理现场		

※巩固与提高※

安全钳制动试验

轿厢内空载，电梯以检修速度向下运行，当轿厢位于两层之间时，用微小的力拉起限速器的拉杆，使之卡绳，安全钳制动。安全钳制动应符合下列要求：

1）安全钳应迅速可靠地使轿厢停住。

2）两组楔块应全部卡紧导轨，楔块卡紧行程基本均等，允许限速绳一侧的一组楔块动作略有滞后。

3）轿厢停止的同时，安全钳开关应动作。

4）制动后缓慢提升轿厢，安全钳楔块拉杆系统及防跳器应能充分自由复位（安全钳开关应由人工复位）。

试验若未达到全部要求，应再调整，直至全部达到要求。

※综合训练※

（1）填空题

1）_____装置是在限速器的操纵下，当电梯出现超速、断绳等非常严重的故障后，将轿厢紧急制停并夹持在导轨上的一种安全装置。

2）安全钳装置由_____和_____两部分组成，即安全钳机构动作时，首先触动电气机构，使_____断开制停电梯，如果制动器无法制停，_____就会进一步动作，使电梯制停在导轨上。

3）电梯安全钳根据其工作原理不同可分为两种类型，即_____和_____。

（2）问答题

简述安全钳的工作过程。

※评价反馈※

评价反馈见工作页。

项目四
垂直电梯主要项目的半年维护与保养

知识目标：

1. 了解端站保护装置的名称和作用；

2. 了解国家标准对端站保护装置的要求；

3. 了解导轨支架、随行电缆的敷设方法；

4. 掌握随行电缆的种类；

5. 掌握电梯自动门防夹装置的种类和工作原理；

6. 掌握电梯的消防功能和检修功能。

能力目标：

1. 能利用万用表和螺钉旋具等工具，检查并调整端站保护装置；

2. 能利用扳手和螺钉旋具等工具，检查并调整导轨支架、随行电缆，使其紧固牢靠；

3. 具有查阅国家标准的能力；

4. 能利用万用表和螺钉旋具等工具，检查并调整安全触板；

5. 根据操作步骤进行消防与检修试验，试验完毕后电梯恢复运行。

素质目标：

1. 按"6S"要求妥善保管各种电气元器件、电钳工工具；

2. 对自身、他人和设备安全具有责任意识；

3. 具有与人沟通、合作的能力；

4. 具有成本意识和节能环保意识。

任务一　端站保护装置的检查与调整

※任务描述※

维保人员对电梯进行半年维保，检查调整电梯端站保护装置的功能。

※任务分析※

端站保护装置设在井道的顶层和底层，主要作用是防止电气控制装置失灵和损坏，导致电梯冲顶和蹾底事故的发生。该装置要有足够的直接性和可靠性。端站保护有三种：强迫换速装置、限位装置和极限开关。

※知识链接※

为防止电梯由于控制方面的故障，轿厢超越顶层或底层端站继续运行，必须设置保护装置，以防止发生严重的后果和结构损坏。防止越程的保护装置一般由设在井道内上下端站附近的强迫换速开关、限位开关和极限开关组成。这些开关或碰轮都安装在固定于导轨的支架上，由安装在轿厢上的打板（撞杆）触动而动作。

图 4-1 所示为目前广泛使用的电气开关和极限开关的安装示意图。其强迫换速开关、限位开关和极限开关均为电气开关，尤其是限位开关和极限开关必须符合电气安全触点要求。图 4-2 所示为使用铁壳刀闸作为极限开关的安装示意图，刀闸极限开关安装在机房，刀闸刀片转轴的一端装有棘轮，上面绕有钢丝绳。钢丝绳的一端通过导轮接到井道顶上、下极限开关碰轮，另一端吊有配重，以张紧钢丝绳。当轿厢的打板触动碰轮时，由钢丝绳传动将刀闸断开。由于刀闸串在主电路上，因此就将主电路断开了。在轿厢打板与碰轮脱离后，再由人工将刀闸复位。这种极限开关由于传动比较复杂，在大提升高度时钢丝绳不易张紧而易误动作，目前只在一些旧电梯和低层站的货梯中有使用。

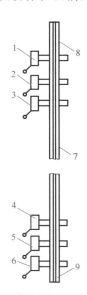

图 4-1　电气开关和极限开关的安装示意图
1、6—终端极限开关　2—上限位开关　3—上强迫减速开关　4—下强迫减速开关　5—下限位开关　7—导轨　8—井道顶部　9—井道底部

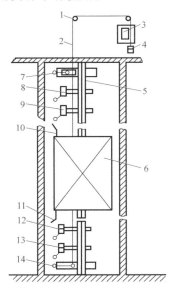

图 4-2　使用铁壳刀闸作为极限开关的安装示意图
1—导轮　2—钢丝绳　3—终端极限开关　4—张紧配重　5—导轨　6—轿厢　7—极限开关上碰轮　8—上限位开关　9—上强迫减速开关　10—上开关打板　11—下开关打板　12—下强迫减速开关　13—下限位开关　14—极限开关下碰轮

强迫换速开关是防止越程的第一道关，一般设在端站正常换速开关之后。当开关触动时，轿厢立即强制转为低速运行。在速度比较高的电梯中，可设几个强迫换速开关，分别用于短行程和长行程的强迫换速。限位开关是防越程的第二道关，当轿厢在端站没有停层而触动限位开关时，立即切断方向控制电路使电梯停止运行。但此时仅仅是防止向危险方向运行，电梯仍能向安全方向运行。

极限开关是防越程的第三道保护。当限位开关动作后电梯仍不能停止运行时，则触动极限开关切断电路，使驱动主机迅速停止运转。对于交流调压调速电梯和变频调速电梯，极限开关动作后，应能使驱动主机迅速停止运转；对于单速或双速电梯，应切断主电路或主接触器线圈电路，极限开关动作应能防止电梯在两个方向运行，而且不经过专职人员调整，电梯不能自动恢复运行。

极限开关安装的位置应尽量接近端站，但必须确保与限位开关不联动，而且必须在对重（或轿厢）接触缓冲器之前动作，并在缓冲器被压缩期间保持极限开关的保护作用。限位开关和极限开关必须符合电气安全触点要求，不能使用普通的行程开关、磁开关和干簧管开关等传感装置。

防越程保护开关都是由安装在轿厢上的打板（撞杆）触动的，打板必须保证有足够的长度，在轿厢整个越程的范围内都能压住开关，而且开关的控制电路要保证开关被压住（断开）时，电路始终不能接通。防越程保护装置只能防止在运行中控制故障造成的越程，若是由于曳引绳打滑、制动器失效或制动力不足造成轿厢越程，上述保护装置是无能为力的。

※任务实施※

一、极限开关的安全技术检查

1）极限开关装置是轿厢防越程的最后一级保护，它和安全钳一样，在长期使用中虽很难运作一次，但必须加强维护和认真检查。

2）检查动作是否灵活可靠，各活动部位应定期加润滑油。当电梯因限位开关失效或其他原因不能在上、下端站及时停止而继续行驶时，在超越楼面所规定的距离内（50～200mm 处），极限开关应起作用，切断驱动电动机电源，使电梯停住。

3）要防止钢丝绳生锈，定期检查钢丝绳张力和碰块位置。

4）检查绳夹是否松动，若绳夹区段的钢丝绳锈蚀或积灰太多，应截去该段钢丝绳重新连接。

5）检查是否符合安装要求。当极限开关安装在机房墙上时，距地面高 1.3～1.5m；当井道内的极限钢丝绳与机房内的极限开关绳轮不能直接对应时，应当加设转向滑轮。

二、极限开关的维修保养和调整

1）钢丝绳上两个碰块的安装方向不能装反，否则装置不起作用。

2）因越程而使极限开关动作后，电梯必须停用，并对减速开关、限位开关和平层装置等进行检查维修，直到排除越程故障为止。当极限开关动作后需要重新投入运行时，维修工应扳动电动机尾部手轮，使轿厢回到端站正确平层位置后再扳动限位开关手柄，使链轮和链条回复到原始位置，刀闸开关闭合接通总电源。在轿厢未回到平层位置时，不允许扳动手柄合闸。因为轿厢挡板与钢丝绳碰块沿未脱离接触，若此时合闸，不但会损坏开关，而且会产生危险。

3）链条安装在链轮上，链条只能按逆时针方向旋转，故链条两边的长度不一致，正确的安装是：左边短，右边长。

4）转动张紧装置调节头，使钢丝绳有足够的张紧力。有的极限开关装置没有用链轮链条，而是用一整根钢丝绳，绳轮安装在极限开关轴上，传动钢丝绳的一端固定在绳轮螺旋槽起始处，为了获得准确的动作，应将钢丝绳沿绳轮槽绕几圈，然后向下通到井道底部绕过张紧绳轮，再回到极限开关绳轮上。使钢丝绳产生摩擦力的好办法，就是拧紧调节头。张力过小会使开关动作迟缓，甚至失去作用。

5）轿厢越程量可以用改变钢丝绳上碰块的位置来调整，其方法是：在钢丝绳两侧分别做油漆标记或贴两条胶带，标记与钢丝绳碰块位置应相等，让轿厢行驶，极限开关动作时，两个标记对接，则表示钢丝绳上的碰块在井道中的位置是正确的。刀闸开关如果不能切断电源，应调整弹簧力。

三、轿厢冲顶手动盘车复位步骤

1）接通控制柜检修开关。

2）确认控制柜检修开关是否接通。

3）切断电源。

4）确认电源是否被切断。

5）安装好制动释放器具和盘车把手，做好准备。

6）作业中应相互复述指令。

7）释放制动器，慢慢下盘。

8）停止盘车时，要使制动器制动有效。

9）确认是否最上层。

10）通过平层标识确认平层状态。

11）卸下制动释放器具和盘车把手。

12）确认制动释放器具和盘车把手是否卸下。

13）接通电源。

14）确认电源是否接通。

15）用检修运行状态往复一次，确认有无异常。

16）确认对重侧缓冲器有无异常。

四、轿厢冲顶电动盘车复位步骤

1）接通控制柜检修开关。

2）确认检修开关是否接通。

3）切断电源。

4）确认电源是否被切断。

5）将控制柜终端限位开关电路短路。

6）明确已被短路。

7）接通电源。

8）确认电源是否接通。

9）用检修运行状态使轿厢慢慢下降。

10）确认是否到达最上层平层。

11）通过钢丝绳及位置显示器确认。

12）断开电源。

13）确认电源是否被断开。

14）拆下控制柜终端限位开关回路的短路部分。

15）确认短路线是否拆下。

16）接通电源。

17）确认电源是否被接通。

18）用检修运行状态往复运行一次，确认有无异常。

19）检查对重侧缓冲器有无异常。

五、轿顶检修或保养操作规程

1）戴好安全帽，穿好工作服和工作鞋。

2）将轿厢停在合适位置。

3）用机械钥匙打开层门，观察轿厢位置。进入轿顶前，必须按下轿顶急停开关，将检修/正常转换开关转换到检修位置，开启照明，放入工具，再进入轿顶，关闭层门。

4）进入轿顶后，应站在轿顶板上，手要扶在牢固的部位，人员和工具均不得超出轿厢外沿，以防发生危险。禁止站在轿架横梁上。注意头顶上方的建筑物、井道四周的各种附属物及对重。若同一井道内有多台电梯，应注意相邻电梯运行时可能发生的危险。

5）在轿顶工作时，电梯起动之前检修人员应密切配合，一个人发出指令，另一个人复述指令后，方可起动电梯。当检修/正常转换开关处在检修位置时，将轿顶急停开关复位，使用检修速度开慢车。严禁开快车。

6）退出轿顶时，将轿厢停在合适位置。按下轿顶急停开关，打开层门，退出轿顶，把工具拿出来，然后将检修/正常转换开关转回到正常位置，再将轿顶急停开关复位，关闭照明后再关闭层门。要点：打开层门，观察轿厢位置；打开急停、检修开关；放入工具；进入轿顶，手扶固定装置站稳；关层门，恢复急停；上下试运行后可以检修运行操作。必要时，进入轿顶前应验证层门门锁、轿顶急停开关、检修/正常转换开关是否有效。方法如下：

① 将轿厢停在合适位置。

② 验证层门门锁是否有效：用层门机械钥匙打开层门（层门开启不要太大，10cm 即可），观察轿厢位置，放入顶门器，按外呼按钮，等待 10s，电梯没走，证明层门门锁有效。

③ 验证轿顶急停开关是否有效：重新打开层门，按下轿顶急停开关，关闭层门，按外呼按钮，等待 10s，打开层门，电梯没走，证明轿顶急停开关有效。

④ 验证检修/正常转换开关是否有效：将检修/正常转换开关置于检修位置，将轿顶急停开关复位，关闭层门，按外呼按钮，等待 10s，打开层门，电梯没走，证明检修/正常转换开关有效。

※巩固与提高※

一、电梯轿厢蹲底和冲顶故障处理

1. 故障分析

1）对重的重量与轿厢的自重加上额定载重，两者平衡系数未达到标准。

2）钢丝绳与曳引轮绳槽严重磨损或钢丝绳外表油脂过多。

3）制动器闸瓦间隙太大或制动器弹簧的压力太小。

4）上/下平层的磁开关位置有偏差或上/下极限开关位置装配有误。

2. 排除故障方法

1）使电梯上下运行，目测轿厢是否有溜车现象。如有此现象，应加大制动力，调整抱闸弹簧，使其制动力加大。

2）检查和调整上/下平层的光电开关和极限开关位置。对于运行时间较长的电梯出现此类故障，应检查钢丝绳与绳槽之间是否有油污及其钢丝绳与绳槽之间的磨损状况。如果磨损严重，则更换绳轮和钢丝绳；如果未磨损，则清洗钢丝绳与绳槽，检查制动器工作状况，调整闸瓦的间隙，应在 0.7mm 左右，四周均匀，接触啮合面在 80% 以上，调整弹簧压力以及端站保护开关碰块工作位置。

二、案例阅读

某小区有一台三菱 HOP 电梯，小区物业报修电梯损坏，维修工赶到现场，检查后，发现电梯停在某一个楼面，电梯轿门开着，厅外楼层显示全无。首先到轿顶检查门机板，发现电梯开关门正常，于是又到电梯机房，打开控制屏查看 P1 板上的发光二极管工作是否正常，发现 29、89 灯亮，说明安全回路正常。DZ 灯也一样亮着，说明平层感应器工作正常。PP 灯也亮，说明 380V 供电电压正常，不缺相不错相，其他电子灯也正常，如 41DG、22、21、MNT、CWD、DWD 等。在调节 MON 旋钮查看故障时，发现故障代码为 DO，表示电梯不能重新起动，电梯"死机"了，于是维修工在机房把 380V 电源切断一下，断电复位后在机房先上、下开慢车，一切正常。转为正常后在机房 P1 板向上扳动一下 UPC，快车向上开动一个楼面，一切正常，向下扳动一下 DNC，电梯向下开动一个楼面，一切正常。于是让电梯正常使用，同时在机房观察电梯会不会出现这个故障。电梯运行了一天，未发现异常。

一个星期后，维修工又接到物业公司报修，说这台电梯又没有显示，按钮灯也不亮。到现场检查后发现还是和上次一样，是电梯"死机"，断下总电源后又恢复正常。于是把井道内所有开关的接线桩头全部检查一遍，看有没有松动现象，同时把 P1 板与 W1 板与旁边另外一台同样型号、同样楼层的电梯对换一下，所有这些全部结束后，让电梯恢复运行，然后在机房继续观察，当天情况也和上次一样。

但是过了两天，同样的毛病又在不同的楼面出现了。应该说该换的、该检查的工作全部做到位了，但故障原因还是未找到。现场只能再查看一下故障现象和故障代码。发现和此前情况一样，P1 板上所有的指示灯全部正常，W1 板也正常。于是对照电梯电气图样，首先测量所有端子电压：79-00 是 DC125V，420-400 是 DC45V，C10-C20 是 AC200V，H10-H20 是 105V，测量后发现 420-400 电压偏低，参照资料，它的电压应该是在 DC48~54V 之间，而现场只有 45V，又检查了它的电源变压器，变压器输出电压是在技术范围之内，在对照图样后，发现它所供应的电源是井道减速开关使用的，经过测量后确定，是下强迫减速开关有故障。到轿顶开慢车，检查发现是减速开关触点偶尔接触不良，造成电压下降。由于减速开关时好时坏，时而接触不良，所以运行几天就会出现一次故障。当电梯从 1 楼开出离开减速开关后，P1 板检测到它的电压低于它的技术范围时，电脑板认为它有故障，就发出停止信号，切断电源后再送电时，在没有负载的情况下，它呈现的电压表面正常。所以根据这一情况，更换了这个强迫减速开关后，电梯运行正常，再没有出现类似的故障。

※综合训练※

（1）填空题

1）电梯上端站防超越行程保护开关自上而下的排列顺序是_____、_____、_____。

2）为安全起见，在电梯的上端站和下端站处，设置了限制电梯运行区域的装置，称为_____。

3）防越程保护开关都是由安装在轿厢上的_____触动的。

4）极限开关安装的位置应尽量接近端站，但必须确保与_____不联动，而且必须在对重（或轿厢）接触缓冲器之前动作，并在缓冲器被压缩期间保持极限开关的保护作用。

5）限位开关和极限开关必须符合电气安全触点要求，不能使用普通的行程开关和_____、_____等传感装置。

（2）问答题

简述端站保护开关的作用及安装要求。

※评价反馈※

评价反馈见工作页。

任务二　导轨支架、随行电缆的检查与调整

※任务描述※

维保人员对电梯进行半年维保，检查与调整电梯的导轨支架和随行电缆。

※任务分析※

每半年需要对电梯的随行电缆和导轨支架进行检查与调整，要求井道内的电缆完好无损，导轨支架、压导板固定无松动。

※知识链接※

一、导轨

电梯工作时轿厢和对重借助于导靴沿着导轨上、下运动，导轨是由多根 3m 或 5m 长度的短导轨借助于接道板连接而成的，如图 4-3 所示。每根导轨都应经过细加工。

在电梯井道中，导轨起始段一般都支撑在底坑中的支撑板上。导轨每隔一定的距离就有一个固定点，将导轨固定于设置在井道壁的导轨支架上，如图4-4所示。

图4-3　导轨与导轨的连接　　　　　图4-4　导轨在井道中的固定

导轨是借助于螺栓、螺母与压道板固定于金属支架上的。GB 7588—2003中规定：导轨与导轨支架和建筑物之间的固定，应能自动地或采用简单调节方法，对建筑物的正常沉降和混凝土收缩的影响予以补偿。

电梯导轨在井道设置的固定距离是根据导轨本身的强度和土建结构决定的，一般为2m左右。

考虑到金属热胀冷缩的物理性能，导轨与井道上部机房楼板之间应有50～100mm的间隙（当轿厢或对重完全压实在它的缓冲器上时，应提供足够的导轨长度，确保轿厢或对重的总行程）。

为了保证电梯在运行时的平稳性和减小噪声，导轨在安装时应严格保持其直线度。电梯导轨的断面形状如下：用于轿厢导向的导轨通常为加工过的T形导轨；用于对重导向的导轨，额定速度在1m/s以上的电梯，通常用加工过的T形导轨；额定速度在1m/s以下的电梯，可以用加工过的T形导轨，也可以用普通角钢（或不等边角钢）制作的导轨。

电梯在正常工作的情况下，导轨只承受着由导轨所传递的水平力，好像在跨度中间承受着载荷的梁一样工作。仅在安全钳动作时，导轨才承受着附加的垂直负荷，这时导轨像受压的立柱一样。

二、导轨支架的检查与调整

1. 导轨支架的安装位置

没有导轨支架预埋铁的电梯井道，要按照图样要求的导轨支架间距尺寸及安装导轨支架的垂线来确定导轨支架在井道壁上的位置。当图样上没有明确规定最下、最上一排导轨支架的位置时，应按以下方法确定：最下一排导轨支架安装在底坑地面以上1000mm的位置；最上一排导轨支架安装在井道顶板以下不大于500mm的位置。在确定导轨支架位置的同时，还应考虑导轨连接板（接道板）与导轨支架不能相碰，错开的净距离不小于30mm。若图样没有明确规定，则以最下层导轨支架为基点，往上每隔2000mm设一排支架，如遇到接道板，可适当放大间距，但最大不应大于2500mm。导轨支架的布置应满足每根导轨两个支架，或按厂方图样要求施工。

2. 导轨支架的安装

根据井道壁不同建筑结构确定不同的安装方法。

（1）电梯井道壁有预埋铁　按安装导轨支架的垂线检查预埋铁位置，并清除预埋铁表面混凝土，若其位置有偏移，达不到安装位置要求，可在预埋铁上补焊钢板。钢板厚度 $\delta \geqslant 16mm$，长度一般不超过 300mm。当长度超过 200mm 时，端部用不小于 $\phi16mm$ 的膨胀螺栓固定于井壁，加装钢板与预埋铁搭接长度不小于 50mm，要求三面满焊。

（2）电梯井道壁无预埋铁　电梯井道壁无预埋铁又称混凝土现浇结构，采用膨胀螺栓直接固定导轨支架。使用的膨胀螺栓规格要符合电梯厂图样要求，若厂家无要求，膨胀螺栓的规格应不小于 $\phi16mm$，打膨胀螺栓孔时位置要准确且要垂直于墙面，深度要适当。遇到墙内钢筋时，可适当调整打孔位置。一般以膨胀螺栓被固定后，护套外端面和墙壁表面相平为宜。若墙面垂直误差较大，可局部剔凿，使之和导轨支架接触面间隙不大于1mm，然后用薄垫片垫实。待导轨支架就位，并找平找正，将膨胀螺栓紧固。

（3）砖墙结构　若电梯井道壁为砖墙结构，不宜采用膨胀螺栓固定导轨支架，一般采用剔孔洞，用混凝土灌注导轨支架的办法；或采用穿钉螺栓在井道壁内外侧固定钢板（$\delta \geqslant 16mm$），将导轨支架焊接在钢板上。

3. 安装导轨

从样板上放基准线至底坑，基准线距导轨端面中心 2~3mm，并进行固定。底坑固定好导轨底座，并找平垫实，其水平误差不大于 1/1000。采用油润滑的导轨，需在立基础导轨前将接油盘放置好。检查导轨的直线度，应不大于 1/6000，且单根导轨全长偏差不大于 0.7mm，不符合要求的导轨可用导轨校正器校正或更换。导轨端部的榫头连接部位加工面的油污毛刺、尘渣等均应清除干净后，才能用于安装。在梯井顶层楼板下挂一个滑轮并固定，在顶层层门口安装并固定一台 0.5t 的卷扬机。在每根符合要求的导轨榫头端上装好连接板，吊装导轨时要采用 U 形卡或双钩勾住导轨连接板。若导轨较轻且提升高度不大，可采用人力，且用 $\phi \geqslant 16mm$ 的尼龙绳代替卷扬机吊装导轨。若采用人力提升导轨，必须由下而上逐根立直。若采用小型卷扬机提升，可将导轨提升到一定高度，与另一根导轨连接。安装导轨时应注意，每节导轨的凸榫头应朝上，并清洁干净，以保证导轨接头处的缝隙符合规范的要求。吊运导轨时应扶正导轨，避免与脚手架碰撞。导轨在逐根立起时就用连接板相互连接牢固，并用导轨压板将其与导轨支架略微压紧，待导轨校正后再紧固。

4. 调整导轨

1）用钢直尺检查导轨端面与基准线的间距和中心距离，如不符合要求，应调整导轨前后距离和中心距离，然后再用导轨尺进行调整。将导轨尺端平，并使两指针尾部侧面和导轨侧工作面贴平、贴严，两端指针尖端指在同一条水平线上，说明无扭曲现象（见图4-5）。

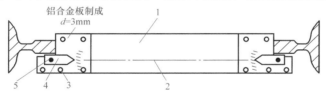

图 4-5　导轨调整示意图

1—条形线道尺（长度小于轨距 0.5mm）　2—扭曲误差指示线　3—平帽螺钉　4—指针　5—活铆钉

2）如贴不严或指针偏离相对水平线，说明导轨存在扭曲现象，则用专用垫片调整导轨支架与导轨之间的缝隙，使之符合要求。导轨支架和导轨背面间的衬垫以3mm以下为宜；超过3mm时，要在衬垫间点焊；当超过7mm时，要垫入与导轨支架宽度相等的钢板垫片，再用较薄的衬垫调整。调整导轨使其端面中心与基准线相对，并保持规定间隙，同时也要调整两导轨间距。两导轨端面间距偏差在导轨整个高度上应符合轿厢导轨0~2mm，对重导轨0~3mm的要求。修正导轨接头处的工作面，可用钢直尺或刀口尺靠在导轨接头处的工作面，用塞尺检查a、b、c、d处直线度（见图4-6）。要求导轨接头处的全长不应有连续缝隙，局部缝隙不大于0.5mm（见图4-7）。两导轨的侧工作面和端面接头处的台阶应不大于0.05mm，对于台阶，应沿斜面用手砂轮或磨石进行磨平，修光长度应大于150mm（见图4-8）。

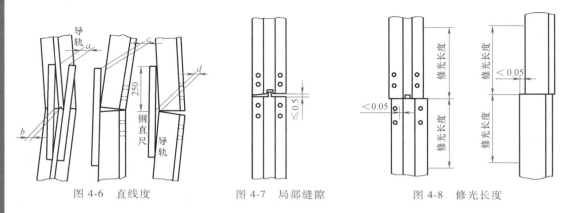

图4-6　直线度　　　　　图4-7　局部缝隙　　　　　图4-8　修光长度

三、随行电缆的安装与调整

1）首先用两条以上规格不小于M16的膨胀螺栓（视随缆重量而定）固定随缆架，以保证其牢固（见图4-9）。

2）电梯无中间接线盒时，井道随缆架应装在电梯正常提升高度的1/2+1.5m的井道壁上。随缆架安装时，应使电梯电缆避免与选层器钢带、限速器钢绳、限位开关、缓速开关、感应器和对重装置等接触或交叉，保证电缆在运动中不得与电线槽支架等发生卡阻。轿底电缆架的安装方向应与井道随缆架一致，并使电梯电缆位于井道底部时，能避开缓冲器且保持不小于200mm的距离。轿底电缆支架和井道随缆架的水平距离不小于：8芯电缆为500mm，16~24芯的电缆为800mm。若多种规格电缆共用，应以最大移动弯曲半径为准。随行电缆的长度应根据中线盒及轿厢底线盒实际位置，加上两头电缆支架绑扎长度及接线余量确定，保证在轿厢蹲底和冲顶时不使随缆拉紧，在正常运行时不蹭轿厢和地面，蹲底时随缆距地面为100~200mm。在挂随缆前应将电缆自由悬垂，使其内应力消除，安装后不应有打结和波浪扭曲现象。多根电缆安装后长度应一致，且多根随缆宜绑扎成排。用塑料绝缘导线将随缆牢固地绑扎在随缆支架上（见图4-9和图4-10）。

3）其绑扎应均匀、可靠，绑扎长度为30~70mm。不允许用钢丝和其他裸导线绑扎，绑扎处应离开电缆架钢管100~150mm。扁平型随行电缆可重叠安装，重叠根数不宜超过三根，每两根之间应保持30~50mm的活动间距。扁平型电缆的固定应使用楔形插座或专用卡子（见图4-11）。

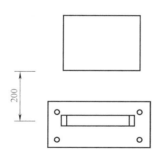

图 4-9　用膨胀螺栓固定随缆架

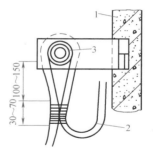

图 4-10　轿底随行电缆绑扎
1—井道壁　2—随行电缆　3—电缆架钢管

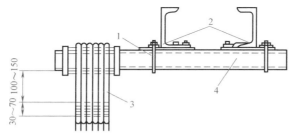

图 4-11　扁平型电缆的固定
1—轿厢底电缆架　2—电梯底架　3—随行电缆　4—电缆架钢管

4）电缆接入线盒应留出适当余量，压接牢固，排列整齐。电缆的不运动部分（提升高度 1/2+1.5m）每个楼层要有一个固定电缆支架，每根电缆要用电缆卡子固定。当随缆距导轨支架过近时，为了防止随缆损坏，可自底坑向上每个导轨支架外角处至高于井道中部 1.5m 处采取保护措施。

※任务实施※

一、导轨支架的检查与调整

随着电梯的不断运行，固定导轨支架的螺钉会变松，久而久之，导轨就容易晃动，造成轿厢在运行时产生剧烈抖动，进而会造成严重的事故。作为电梯维保人员，应定期检查和调整导轨支架。检查和调整步骤见表 4-1。

表 4-1　导轨支架的检查与调整步骤

序号	操作步骤	图片	注意事项
1	操作前做好一切安全防范措施		
2	安全进入轿顶，以检修速度运行到导轨支架处，用扳手将螺钉紧固		

（续）

序号	操作	图片	注意事项
3	将所有导轨支架的螺钉紧固一遍后,安全退出轿顶		
4	将电梯上下往复运行一遍后投入运行		
5	清理现场,做好记录		

注意:验证层门门锁、轿顶检修开关、轿顶紧急停止开关全部有效后再进入轿顶,在紧固螺钉时,一定要按下轿顶紧急停止开关。

二、随行电缆的检查与调整

随行电缆始终随着电梯轿厢上下运行,因此,电梯维保人员应定期检查电梯随行电缆与轿厢、接线盒的连接处是否牢靠,是否有断丝现象。

随行电缆的检查和调整方法见表4-2。

表4-2　随行电缆的检查和调整方法

序号	操作	图片	注意事项
1	操作前做好一切安全防范措施		
2	安全进入底坑,一人在机房以检修速度运行到合适高度,另一人在底坑用扳手将紧固螺钉紧固		
3	观察随行电缆的外观是否有损坏		
4	安全退出底坑,将电梯上下往复运行一遍后投入运行		
5	清理现场,做好记录		

※巩固与提高※

电梯及电梯导轨新技术运用及发展趋势

随着社会的进步和人们生活水平的提高,人们对于住、行方面的舒适度、安全、环保程度的要求越来越高,对于电梯的应用提出了更广泛的要求。作为电梯的配套行业,电梯的发展方向和技术指引着电梯导轨行业的发展方向。经过市场分析,中国电梯行业协会副秘书长张乐祥认为,未来和导轨技术发展有关联的电梯新技术大致有以下几个方面:

1)超高速电梯。随着人们生活节奏的加快,高层建筑的增加,全功能的塔式建筑将会促使超高速电梯继续成为研究方向,5m/s以上运行速度的超高速电梯,将成为人们关注的重点。而对于电梯导轨加工企业来说,如何控制导轨精度、直线度和表面粗糙度,把对称度控制正规定范围之内,从而保障电梯的运行速度和舒适感,是保证竞争地位所必须面临的课题。

2）大型超载重电梯。随着大型公共娱乐、购物等公用建筑的增加，人们对于电梯、扶梯的载重量和运行平稳性提出了新的要求，因此，大型超载重电梯的运用也日益广泛起来。将来，T140 以上大规格的导轨也将成为一个新的研究方向。

3）新型扶梯。为满足建筑多样化的需要，电梯厂商会根据住户个性化需求定制各种规格的扶梯，各种扶梯需要的扶梯导轨规格和型号不一，这就需要电梯导轨生产企业紧随电梯制造商的步伐，不断更新设备工艺，研发新的扶梯导轨产品。

4）无机房电梯的广泛应用促使无机房导轨的研发和替代升级。

此外，人们还要求电梯具有节能、电磁兼容性强、噪声低、寿命长、采用绿色装潢材料、与建筑物协调等优点，甚至有人设想在大楼顶部的机房利用太阳能作为电梯驱动补充能源等，这些都会对电梯导轨的运行技术不断提出新的要求。

※综合训练※

填空题

1）电梯工作时轿厢和对重借助于导靴沿着_____上、下运动，_____是由多根 3 m 或 5 m 长度的短导轨借助于接道板连接而成的。

2）导轨每隔一定的距离就有一个固定点，将导轨固定于设置在井道壁的_____上。

3）导轨是借助于螺栓、螺母与_____固定于金属支架上的。

4）当图样上没有明确规定最下、最上一排导轨支架的位置时，应按以下方法确定：最下一排导轨支架安装在底坑地面以上_____的位置；最上一排导轨支架安装在井道顶板以下不大于_____的位置。

5）在确定导轨支架位置的同时，还应考虑导轨连接板（接道板）与导轨支架不能相碰，错开的净距离不小于_____。若图样没有明确规定，则以最下层导轨支架为基点，往上每隔_____设一排支架，如遇到接道板，可适当放大间距，但最大不应大于_____。

6）随行电缆的长度应根据中线盒及轿厢底线盒实际位置，加上两头电缆支架绑扎长度及接线余量确定，保证在轿厢蹲底和冲顶时不使随缆_____，在正常运行时不蹭轿厢和地面，蹲底时随缆距地面为_____。

※评价反馈※

评价反馈见工作页。

任务三　自动门防夹装置的检查与调整

※任务描述※

维保人员对电梯进行半年维保，检查与调整电梯自动门防夹装置的功能。

※任务分析※

电梯门是乘客进出电梯的装置，现在的电梯大多采用自动门系统，在门打开后，延迟一段时间会自动关门，如果在关门过程中有乘客进出电梯，电梯门会自动再重新打开，这是由于电梯门上安装了自动门防夹装置。常见的自动门防夹装置分为接触式防夹装置和非接触式防夹装置。接触式防夹装置也称为安全触板，非接触式防夹装置根据功能原理不同分为光电防夹装置、光幕防夹装置等。

※知识链接※

一、安全触板

安全触板（见图 4-12）是电梯一种近门安全保护装置，是一种机电一体式关门防夹安全装置。它安装在靠近层门侧的轿门上，作用是在电梯自动关门过程中，防止人员或物品被夹受损。

工作原理：安全触板属于电梯轿门上的一个软门，当电梯轿厢在关门过程中接触到物体时，安全触板向内缩进，带动下部的一个微动开关，安全触板开关动作，控制门向开门方向转动，从而起到不伤人、不伤物的作用。

二、光电防夹装置

光电防夹装置是常见的单独或与机械安全触板配合使用的电梯门保护装置。其通过一束或几束可见光线照射电梯门另一侧的探测器保护电梯门平面的进出乘客或物体。但是，光电开关的保护区域仅限于有光束的几点位置，不能对电梯门高度全范围提供保护。

三、光幕防夹装置

红外光幕电梯门保护系统（见图 4-13）是一种非接触式保护，对进出电梯的乘客或物体无撞击，既使用户电梯对乘客更友善，又保护了电梯门不会因为长期冲撞被损坏。

图 4-12　安全触板

图 4-13　红外光幕电梯门保护系统

红外光幕电梯门保护系统是一种闭环保护形式，从控制系统到红外发射器、红外接收器，再将探测信号返回控制器，形成一个保护回路。该回路本身如果出现中断，如红外发射管或接收管损坏，红外光幕也能发出报警。因而红外光幕电梯门保护系统是一种高效、安全的保护装置。

※任务实施※

电梯门防夹装置如果失去作用，在关门过程中，容易出现夹人现象，造成事故，因此，电梯维保人员要定期对其进行维护和保养。安全触板保养流程见表4-3。

表 4-3　安全触板保养流程

序号	操作步骤	图片	注意事项
1	检查安全触板之间的缝隙是否均匀,间距是否合适		
2	对安全触板的紧固螺钉松紧进行检查		若安全触板间隙需要调整,则拧松该螺钉,其中该支架可以移动,触板就可以相应地进行移动
3	检查支架各部分的紧固螺钉,并清洁表面卫生		
4	检查开关固定螺钉的松紧,并验证开关能否可靠动作		注意定位橡皮的位置

项目四

序号	操作步骤	图片	注意事项
5	安全触板开关的电缆线在接线处应留有少量余量		
6	使安全触板动作，观察滚轮与扇形铁片接触位置状况		注意该滚轮与铁片的接触点不能位于最末端，应留有少段距离，小于10mm；安全触板在自然状态下，其滚轮与铁片的另一末端也应留有少量距离（10mm）
7	对扇形铁片支架的固定螺钉的松紧进行检查		可以上下移动扇形铁片，所以可以通过它改变安全触板的移动距离
8	检查扇形铁片的紧固螺钉		通过对该螺钉的操作，可以调整扇形铁片的倾斜角度，即可以改变滚轮与铁片的接触位置
9	紧固安全触板摆杆的固定螺钉		

序号	操作步骤	图片	注意事项
10	检查安全触板线是否破损，布线是否合理		在链条的布线上，该导线不能被缚得太紧，对于每一段都应留有少量距离，安全触板线的接线端应留有余量。在该支架处应留有少量距离

※巩固与提高※

一起电梯夹人事故分析

1. 事故过程

2005 年 11 月 18 日上午 9 点 30 分左右，海淀区北大资源东楼 B 梯（货梯）发生一起严重的电梯伤人事故，导致一名乘客在正常使用电梯时被电梯挤压并坠落至底坑死亡。事故发生后，事故调查组迅速赶到现场，对事故进行调查。据现场人员介绍，9 点 30 分左右，楼内租户工作人员刘某在北大资源东楼电梯厅，准备推车乘坐电梯向上运送货物。当电梯下行到 1 层平层开门后，刘某背对电梯向后拉车进入电梯，这时电梯门突然开始关闭，电梯同时向上运行，将刘某带动上行。刘某在上行中被电梯层门上坎撞击翻落地面后，掉入井道底坑，经抢救无效死亡。

2. 事故原因

事故电梯为客梯，型号为 JKX3VF，载重量为 1000kg/13 人，6 层 6 站，北京某电梯服务中心于 2004 年改造，并负责维护保养。

通过现场勘察发现，电梯轿厢停于 1 层平层，轿门关闭，层门打开约 60cm。1 层层门口堆放小推车及纸箱。1 层层门上坎已严重变形，层门无法关闭。底坑内有大量血迹，电梯控制柜无异常，电梯制动器无异常。

据介绍，事故发生时，电梯是在开门状态下向上运行的。事故发生后，因 1 层有人呼梯，电梯在层门开门状态下返回 1 层平层。

据了解，在事故前一天（11 月 17 日）晚 21 点多，电梯曾发生故障，在 5 层不运行。维修工赵某解释说是门电路熔断器损坏，更换了一个保险管后，恢复运行，未进行任何封线短接等违章操作。

在对其维修保养单位维修记录和事故记录进行检查中发现，该单位对电梯的维修保养工作极不规范：第一，未按照《特种设备监察条例》规定进行保养；第二，电梯故障运行记录严重混乱且不齐全；第三，经常一人进行维修保养工作。

11 月 19 日，事故调查组对事故电梯及相同型号的 A 梯进行了多项技术模拟试验和测试。

3. 事故分析

（1）电梯反平层试验　电梯轿厢从 4 层到 1 层正常运行，当电梯到达 1 层平层时，人为模拟下平层装置（YPX）故障，看电梯是否向上即反向运行。试验结果显示，在有外呼或轿内选层的情况下电梯关门反向运行。结论为，电梯不能开门反向运行。

（2）电梯反向运行试验 轿厢从4层到1层正常运行，当电梯从4层起动后，立即从轿内选4层和5层或在5层按下外呼。试验结果显示，电梯到达1层平层后延时4~6s关门后反向运行。结论为，电梯不能开门反向运行。

（3）门锁防粘连试验 电梯运行时人为模拟门锁继电器粘连。试验结果显示，人为模拟门锁继电器粘连时，电梯不能运行。结论为，门锁继电器粘连时，电梯无法开门运行。

（4）电梯溜车试验 在机房制动器不开闸的情况下，人力无法转动盘车轮；一人进入电梯轿厢内，在轿门开启的情况下，在机房用开闸扳手打开制动器。试验结果为，电梯从1层地坎到1层门楣所用时间为6s，且在此种状态下，轿厢无法向下运行。结论为，电梯以较慢的速度向上溜车，如门口有人，也会有充裕的时间脱离危险区域。

在技术模拟试验和测试的同时，事故调查组咨询了控制柜制造厂的技术人员。据该厂技术人员证明，根据控制柜设计原理，该电梯目前状况不具备开门运行条件。根据现场目击人员介绍证明，事故发生时及事故发生后的一段时间内，电梯确实存在开门运行情况，因此，不排除在事故发生时人为短接封线造成开门运行的状况。该电梯经现场勘察及试验测试，除1层层门变形不能关闭以外，均处于正常状态，因此，只有门锁回路采取了非正常的强制手段，才造成了在电梯门未关闭的情况下运行，从而引发事故。

结论：该电梯目前的状态，只有人为短接封线（短接封线使电气安全装置失去作用）才能导致事故的发生。公安部门立即在电梯维修专家的配合下重新对维保人员进行了讯问，维保人员在大量的事实和科学的试验结果面前，终于承认了自己在前一天工作中有对门锁进行封线维修，后来忘记拆下，直接导致了电梯夹人事故的发生。

综上所述，确认这起事故的发生是由于该电梯的维修保养单位内部管理混乱，不严格执行《特种设备监察条例》，使得违反操作规程的行为长期存在，最终导致了严重伤亡事故。

※综合训练※

填空题

1）安全触板是电梯一种近门安全保护装置，是一种_____关门防夹安全装置。它安装在靠近层门侧的_____上，作用是在电梯自动_____过程中，防止人员或物品被夹受损。

2）安全触板属于电梯轿门上的一个软门，当电梯轿厢在关门过程中接触到物体时，安全触板向内缩进，带动下部的一个_____，安全触板开关动作，控制门向_____方向转动，从而起到不伤人、不伤物的作用。

3）当_____开关动作时，门电动机立即停止转动而后进入反转。

4）红外光幕电梯门保护系统是一种_____保护，对进出电梯的乘客或物体无撞击，既使用户电梯对乘客更友善，又保护了电梯门不会因为长期冲撞被损坏。

5）常见的自动门防夹装置分为_____防夹装置和_____防夹装置。

※评价反馈※

评价反馈见工作页。

任务四　消防功能及检修功能的验证

※任务描述※

维保人员对电梯进行半年维保，验证电梯的消防功能及检修功能。

※任务分析※

在电梯基站处的外呼盒上方，有一个消防开关，此开关安装在玻璃后面。在发生火灾时，消防员可以打碎玻璃，按下消防开关，此时，该电梯就作为消防电梯使用，而乘客就不能乘坐电梯了。为方便电梯维保人员操作电梯，在电梯的机房、轿顶和轿厢内都安装了检修盒，该检修盒上安装有紧急停止按钮、检修/正常转换开关、慢上按钮、公共按钮和慢下按钮等设备。

※知识链接※

一、消防功能

随着社会的进步、房地产业的发展、高楼大厦的兴建，人员越来越密集，从而使人们的安全、防火意识增强。电梯作为垂直的运输工具，其消防设备的使用显得特别重要。考虑到国情现状，建筑物的成本，人们的承受能力、消费水平等各种因素，大部分建筑物没有单独设置电梯消防系统，而是将乘客电梯或服务电梯兼作消防电梯来使用。

对于电梯的消防功能，国家对电梯尚未有专门的强制性规定，而消防部门对建筑物及各种设备的消防设施有一定的要求。

在 GB 50016—2014《建筑设计防火规范》中对高层建筑中的电梯做了明确规定（该标准第7.3.2条：消防电梯应设置在不同的防火分区内，且每个防火分区不应少于1台；第7.3.3条：符合消防电梯要求的客梯或货梯可兼作消防电梯），但电梯行业并未强制执行、实施。

而由于市场疲软，电梯价格下浮，部分制造企业为了自身利益，把"消防功能"等一些控制功能作为加价部分来处理，加上不正确引导用户，用户不熟悉，不加以重视，有些电梯甚至没有设置消防功能。

电梯检测检验人员在检验电梯时，往往只着重于安全方面，而忽略其控制功能，特别是消防功能的检验，因此不少电梯达不到消防对电梯的特殊要求，给建筑物或电梯验收及以后的使用带来不必要的麻烦。

目前执行所谓的"消防功能"，只是体现在电气控制上，即实行消防运行功能，一旦发生火灾，能马上关闭层门，使电梯及时返回基站，乘客安全脱离现场，消防人员能借助电梯救援、灭火。

具备消防运行功能的电梯通常在底层（基站）设置消防开关，用玻璃封闭。当发生火灾时，用硬器敲碎玻璃面板，按动消防开关，通过井道线或电缆将消防信号送至电气控制柜，做逻辑判断，电梯即进入消防状态。消防状态包含以下两种状态：消防返回基站状态和消防人员专用状态。

1. 消防返回基站的状态要求

1）断开开门回路，将门关闭。

2）消除厅外呼梯信号、轿厢内指令信号。

3）安全触板仍然有效。

4）如果电梯在基站，立即开门，转入消防人员专用状态。

5）开门待机的电梯（如果设置有），立即关门返回基站。

6）如果电梯正处于上行过程中，则立即就近减速、停靠、平层、不开门，然后返回基站。

7）如果电梯正处于下行过程中，则中间不停站，直接返回基站。

8）电梯返回基站后，立即开门，自动转换到消防人员专用状态，供消防人员使用。

2. 消防人员专用状态要求

1）实行开门待机。

2）恢复内指令信号。

3）厅外呼梯功能仍失效。

4）消除返回基站功能。

5）安全触板仍有效。

6）关门无自保，不自动关门，只能手动关门，关门过程中如松开按钮，门自动打开。

7）停车、平层、不自动开门、开门无自保，只能手动开门，在开门过程中松开按钮，门自动关闭。

8）内指令信号一次有效（主要防止误操作）。

停梯时即使还有其他层楼内指令信号，在运行一次停车平层后，被自动消除。具备消防运行功能的电梯应能满足上述技术要求，还应注意：

1）我国规定消防电梯的速度按从首层到顶层的运行时间不超过 60s 来计算确定。例如，高度在 60m 左右的建筑，宜选用速度为 1m/s 的消防电梯；高度在 90m 左右的建筑，宜选用速度为 1.5m/s 的消防电梯。

2）如果上行换向下行，消除突然起动的不舒适感，在换向线路设计时，考虑适当的延时起动。

3. 几点建议

1）在电梯消防功能尚未有强制性标准时，产品应考虑符合 GB 50016—2014 对消防电梯的要求。

2）同时考虑与建筑物中其他消防设施的"联网"控制。

3）如果条件允许，也可参考国外标准，另外设置防火门，出现火灾，拨动消防开关时，立即关闭防火门，封锁井道，防止火灾蔓延。

二、普通电梯与消防防火电梯功能的比较

消防电梯是在建筑物发生火灾时供消防人员进行灭火与救援使用的具有一定功能的电

梯。因此，消防电梯具有较高的防火要求，其防火设计十分重要。

普通电梯均不具备消防功能，发生火灾时禁止人们搭乘电梯逃生。因为当其受高温影响，或停电停运，或着火燃烧，必将殃及搭乘电梯的人，甚至夺去他们的生命。消防电梯通常都具有完善的消防功能：它应当是双路电源，即万一建筑物工作电梯电源中断时，消防电梯的非常电源能自动投合，可以继续运行；它应当具有紧急控制功能，即当楼上发生火灾时，它可接收指令，及时返回首层，而不再继续接纳乘客，只可供消防人员使用；它应当在轿厢顶部预留一个紧急疏散出口，万一电梯的开门机构失灵时，也可由此处疏散逃生。

对于高层民用建筑的主体部分，楼层面积不超过 1500m² 时，应设置一台消防电梯；超过 1500m²，不足 4500m² 时，应设置两台消防电梯；每层面积超过 4500m² 时，应设置三台消防电梯。消防电梯的竖井应当单独设置，不得有其他的电气管道、水管、气管或通风管道通过。消防电梯应当设有前室，前室应设有防火门，使其具有防火、防烟功能。消防电梯的载重量不宜小于 800kg，轿厢的平面尺寸不宜小于 1m×1.5m，其作用在于能搬运较大型的消防器具和放置救生的担架等。消防电梯内的装修材料，必须是非燃建材。消防电梯动力与控制电线应采取防水措施，消防电梯的门口应设有漫坡防水措施。消防电梯轿厢内应设有专用电话，在首层还应设有专用的操纵按钮。如果在这些方面都能达标，那么万一建筑内发生火灾，消防电梯就可以用于消防救生。如果不具备这些条件，普通电梯则不可用于消防救生，着火时搭乘电梯将有生命危险。

普通电梯不具备消防安全的条件，火灾时不能作为垂直疏散工具使用，其主要原因如下：

（1）电源无保障　因为发生火灾时，消防人员必须切断一切正常工作电源，启用应急电源。

（2）产生烟囱效应　因为电梯运行中，电梯竖井失去了防烟作用，而成为拔烟拔火的垂直通道，既助长烟火扩散蔓延，又威胁人的生命安全。

（3）疏散能力有限　发生火灾时，电梯一次只能运载十几个人，其余人还要等候，这样会延误疏散时机。

（4）停电　如果电梯发生机电故障（或停电），疏散人员就会被困在电梯轿厢之内而无法脱险。

三、检修功能

国家标准 GB 7588—2003《电梯制造与安装安全规范》中第 14.2.1.3 条要求：

为便于检修和维护，应在轿顶装一个易于接近的控制装置。该装置应由一个能满足电气安全装置要求的开关（检修运行开关）操作。该检修运行开关应是双稳态的，并应设有误操作的防护。

同时应满足下列条件：

1）一经进入检修运行，应取消：正常运行控制，包括任何自动门的操作；紧急电动运行；对接操作运行。

只有再一次操作检修开关，才能使电梯重新恢复正常运行。

2）轿厢运行应依靠持续揿压按钮，即慢上、慢下操作按钮，此按钮应有防止误操作的保护，并应清楚地标明运行方向。

3）控制装置也应包括一个符合规定的停止装置。

4）轿厢速度不应大于 0.63m/s。

5）不应超过轿厢正常的行程范围。

6）电梯运行应依靠安全装置。

检修开关安装在检修盒内，并在机房、轿厢顶部、轿厢内部各设置一个检修盒，当需要检修运行时，将正常/检修运行开关拨到"检修"位置，电梯就进入检修运行状态。此时，电梯只能点动运行。

将检修/正常运行开关拨到"正常"位置后，电梯就恢复正常运转。此时电梯将做如下动作：

1）如果电梯没在平层位置，则以爬行速度运行，直到平层。

2）如果电梯在平层位置，则执行开关门动作。

※任务实施※

任务实施步骤见表 4-4。

表 4-4　任务实施步骤

序号	操作步骤	图　示	注意事项
1	在电梯运行过程中,按下消防按钮,观察电梯运行状态并记录		
2	在电梯运行过程中,按下紧急停止按钮,观察电梯运行状态并记录		按下任意一层的外呼按钮,观察电梯此时的状态并记录
3	在电梯运行过程中,将检修/正常转换开关扳到检修位置,观察电梯运行状态并记录		按下任意一层的外呼按钮,观察电梯此时的状态并记录
4	在检修状态下,分别单独按下慢上按钮和慢下按钮,观察电梯运行状态并记录		

消防电梯

消防电梯是消防人员在扑救高层火灾中的有力工具，在日常生活中，尽管很少接触到消防电梯，但了解有关消防电梯的功能及使用方法，对人们在遭遇突发性火灾时极为有利。

高层建筑发生火灾时，消防队员乘消防电梯登高灭火不但节省了到达火灾层的时间，而且减少了消防队员的体力消耗。在灭火战斗中，还能够及时向火灾现场输送灭火器材。因此，消防电梯在扑救火灾中占有很重要的地位。

《建筑设计防火规范》和《高层民用建筑设计防火规范》对消防电梯的设置范围做了明确规定，要求以下五种情况应设置消防电梯：

1）高层一类民用公共建筑。

2）十层及十层以上的塔式住宅。

3）十二层及十二层以上的单元式住宅和通廊式住宅。

4）建筑高度超过 32m 的其他二类公共建筑。

5）建筑高度超过 32m 并设有电梯的高层厂房和库房。

设计人员在设计高层建筑时，根据国家规范，将消防电梯的功能设计为消防电梯与客（或货）用电梯兼用的，当发生火灾时，受消防控制中心指令或首层消防队员专用操作按钮控制进入消防状态的情况下，应达到：

1）电梯如果正处于上行中，则立即在最近层停靠，不开门，然后返回首层站，并自动打开电梯门。

2）如果电梯处于下行中，立即关门返回首层站，并自动打开电梯门。

3）如果电梯已在首层，则立即打开电梯门进入消防员专用状态。

4）各楼层的呼梯按钮失去作用，召唤切除。

5）恢复轿厢内指令按钮的功能，以便消防队员操作。

6）关门按钮无自保持功能。

消防电梯的使用方法如下：

1）消防队员到达首层的消防电梯前室（或合用前室）后，首先用随身携带的手斧或其他硬物将保护消防电梯按钮的玻璃片击碎，然后将消防电梯按钮置于接通位置。因生产厂家不同，按钮的外观也不相同，有的仅在按钮的一端涂有一个小"红圆点"，操作时将带有"红圆点"的一端压下即可；有的设有两个操作按钮，一个为黑色，上面标有英文"OFF"，另一个为红色，上面标有英文"ON"，操作时将标有"ON"的红色按钮压下即可进入消防状态。

2）电梯进入消防状态后，如果电梯在运行中，就会自动降到首层站，并自动将门打开；如果电梯原来已经停在首层，则自动打开。

3）消防队员进入消防电梯轿厢内后，应用手紧按关门按钮直至电梯门关闭，待电梯起动后，方可松手，否则，在关门过程中如松开手，门则自动打开，电梯也不会起动。有些情况，仅紧按关门按钮还是不够的，应在紧按关门按钮的同时，用另一只手将希望到达的楼层按钮按下，直到电梯起动才能松手。

项目四

※综合训练※

填空题

1）具备消防运行功能的电梯通常在底层（基站）设置_____，用玻璃封闭。当发生火灾时，用硬器敲碎玻璃面板，按动_____，通过井道线或电缆将消防信号送至电气控制柜，做逻辑判断，电梯即进入_____状态。

2）消防状态包含以下两种状态：_____状态和_____状态。

3）检修运行开关应是_____的，并应设有误操作的防护。

4）检修开关安装在_____内，并在机房、轿厢顶部、轿厢内部各设置一个_____，当需要检修运行时，将正常/检修运行开关拨到"检修"位置，电梯就进入检修运行状态。此时，电梯只能_____运行。

5）将检修/正常运行开关拨到____位置后，电梯就恢复正常运转。

※评价反馈※

评价反馈见工作页。

项目五
垂直电梯主要项目的年维护与保养

知识目标：

1. 知道层门门锁的结构；

2. 了解国家标准对层门门锁、电梯称量装置和缓冲器的要求；

3. 掌握电梯称量装置的结构及工作原理；

4. 掌握缓冲器的种类及适用范围。

能力目标：

1. 掌握测量和调整层门门锁啮合间隙的方法；

2. 掌握电梯称量装置的检查与调整方法；

3. 能利用万用表、钢直尺等工具，测量并调整层门门锁的啮合间隙；

4. 正确识读门锁回路、电梯称量装置电路；

5. 能利用万用表、扳手等工具测量并调整电梯称量装置和缓冲器。

素质目标：

1. 按"6S"要求妥善保管各种电气元器件、电工工具；

2. 对自身、他人和设备安全具有责任意识；

3. 具有与人沟通、合作的能力；

4. 具有成本意识和节能环保意识。

任务一 层门门锁啮合间隙的测量与调整

※任务描述※

维保人员对电梯进行年度维保，测量与调整电梯层门门锁啮合间隙。

※任务分析※

电梯层门是乘客与电梯最先接触的地方，也是电梯出现故障最多之处，层门的关闭与否，直接关系着乘客的安全。国家标准 GB 7588—2003《电梯制造与安装安全规范》中明确要求轿厢运动前应将层门有效地锁紧在闭合位置上，但层门锁紧前，可以进行轿厢运行的预备操作，层门锁紧必须由一个符合要求的电气安全装置来证实。轿厢应在锁紧元件啮合不小于 7mm 时才能起动，如图 5-1 所示。

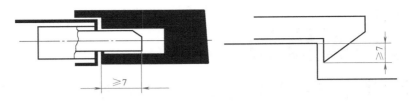

图 5-1　层门门锁啮合间隙示意图

※知识链接※

　　门锁是锁住层门不被随便打开的重要安全保护机构。当电梯在运行而并未停站时，各层层门都被门锁锁住，则乘客不能从外面将层门撬开。只有当电梯停站时，层门才能被安装在轿门上的开门刀片带动而开启。

　　当电梯检修人员需要从外部打开层门时，需要用一种符合要求的特制钥匙开关才能把门打开。门锁装在层门的上方，对中分式层门，有在两扇层门上各装一把门锁的，也有只在一扇层门上装一把门锁的，如图 5-2 所示。对于这种情况，层门上需设置一套传动系统方可保证另一扇层门的开启。钢丝绳 6 绕过固定在门框上的定滑轮 1，并分别在两扇层门上固定。这样当一扇门朝着开门方向移动时，另一扇门也朝着开门方向移动；反之，一扇门朝着关门方向移动时，另一扇门也朝着关门方向移动。

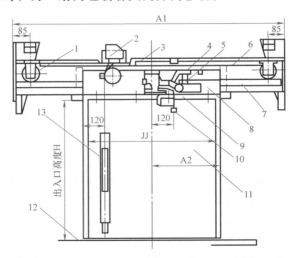

图 5-2　层门启闭机构

1—定滑轮　2—安全触点　3—钢丝绳连接扣　4—门锁连接扣　5—钢丝绳连接扣
6—传动钢丝绳　7—门滑轨　8—门吊板　9—门锁　10—手工开门顶杆
11—层门　12—层门地坎　13—自动关门重锤

　　图 5-3 所示为 SL 型门锁结构，其工作情况如下：电梯运行时，门锁上的两只橡皮轮从安装在轿门上的"刀片"中间通过。当停站开门时，"刀片"随轿门横向移动。图 5-3 所示为"刀片"向右移动开锁的门锁结构。"刀片"向右移动，带动橡皮轮也向右移动，并使锁钩脱离挡块开锁，层门开始随着"刀片"一起向右移动，直到门开足为止。关门过程与之相反。

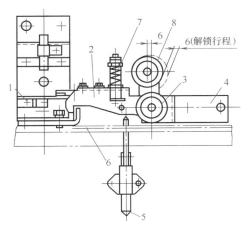

图 5-3 SL 型门锁结构

1—触点开关 2—锁钩 3—滚轮 4—底座 5—外推杆
6—钩挡 7—压紧弹簧 8—开锁门轮

※任务实施※

检查门是否关紧和上锁，一般用门锁电气接点（或开关）来鉴定。如果门已上锁，电梯就能起动；如果门没有上锁，电梯就不能起动，这一点是非常重要的。同时 GB 7588—2003 中规定，门锁锁钩的啮合间隙应不小于 7mm。测量和调整这个间隙的步骤见表 5-1。

表 5-1 门锁锁钩的啮合间隙的测量和调整

序号	操作步骤	图示	注意事项
1	操作前准备 1）做好一切安全防护措施（穿戴劳保服、放置防护栏等） 2）准备操作工具（万用表、钢直尺等） 3）准备记录本		
2	测量间隙 1）安全进入轿顶，将轿厢停在合适位置（检修运行，电梯停止后，立即按下紧急停止开关） 2）断开门锁电气接点，以保证电梯不能运行		

项目五

序号	操作步骤	图示	注意事项
2	3）一名操作人员手动慢慢关门，另一名操作人员用万用表的欧姆档来测量电气接点。当阻值为零时，说明电气接点已接通 4）用钢直尺来测量两个锁钩的啮合间隙并记录 5）将此间隙与国家标准进行比较，是否不小于7mm 6）如果此间隙小于7mm，应立即进行调整。在钩挡下加垫片即可 7）其他层门门锁依次按上述方法测量和调整	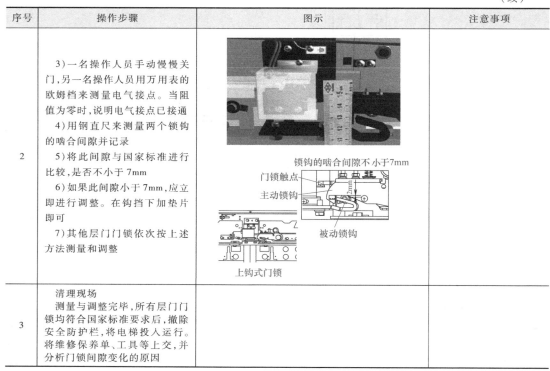 锁钩的啮合间隙不小于7mm 门锁触点 主动锁钩 被动锁钩 上钩式门锁	
3	清理现场 测量与调整完毕，所有层门门锁均符合国家标准要求后，撤除安全防护栏，将电梯投入运行。将维修保养单、工具等上交，并分析门锁间隙变化的原因		

注意：轿顶是电梯维修与保养工作中最危险的区域，在操作过程中，时刻要牢记安全操作要点，切不可图快，尤其不能带电作业。

※巩固与提高※

电梯门锁装置型式试验内容的要求与方法见表5-2。

表5-2　电梯门锁装置型式试验内容的要求与方法

项目及编号		试验内容与要求	试验方法
1 操作检验	1.1	应当由重力、永久磁铁或者弹簧来产生和保持闭锁装置的锁紧动作，并且满足： 1）弹簧应当在压缩状态下作用，弹簧应当有导向装置并且满足在开锁时弹簧将不会被压缩 2）通过一种简单的方法（如加热或冲击），不应该使采用永久磁铁来保持锁紧元件作用的功能失效 3）即使永久磁铁或者弹簧功能失效，重力也不能导致开锁	1）查阅技术资料和图样 2）操作检查 3）用钢直尺测量啮合长度
	1.2	锁紧元件及其附件应当是耐冲击的，应该使用金属制造或者加固	
	1.3	应该设置一个电气安全装置来检查锁紧元件的啮合情况，并且满足： 1）切断电路的触点元件与机械锁紧装置之间的连接应当是直接的和防止误动作的，并且必要时可以调节 2）在电气安全装置动作之前，锁紧元件的最小啮合长度为7mm 3）电气安全装置应当符合 GB 7588—2003 中第14.1.2条的要求 4）电气安全装置连接导线的截面面积不应该小于0.75mm^2	

项目五

项目及编号		试验内容与要求	试验方法
1 操作检验	1.4	锁紧装置应当予以保护,以避免可能妨碍正常功能的积尘危险,并且满足: 1)应该易于检查工作部件,例如可以使用透明板,以便于观察 2)当电气安全装置的触点放在盒中时,盒盖的螺钉应该为不脱落式的;在打开盒盖时,螺钉应保留在盒中或者盖的孔中	
	1.5	直接机械连接的多扇门组成的水平或者垂直滑动门: 1)所有门扇之间为直接机械连接的,允许锁紧装置只设置在其中一扇能够防止其他门扇开启的门扇上 2)允许将验证门闭合位置的电气装置安装在一个门扇上	1)查阅技术资料和图样 2)操作检查 3)用钢直尺测量啮合长度
	1.6	间接机械连接的多扇门组成的水平或者垂直滑动门需要满足的要求: 当门扇之间为间接机械连接(例如钢丝绳、链条或者传动带),并且门扇上均未装有手柄和该连接机构能够承受任何正常能预计的力时,可以使用间接连接。允许锁紧装置只设置在其中一扇能够防止其他门扇开启的门扇上,但其他未直接锁紧的门扇均应该设置验证该门扇关闭位置的电气装置	
2 机械试验	2.1	机械静态试验: 1)门锁装置应该进行以下试验:沿门的开启方向,在尽可能地接近使用人员试图开启这扇门时施加力的位置上,施加一个静态力。对于铰链门,此静态力在300s的时间内,应该逐渐增加到3000N;对于滑动门,此静态力为1000N,作用300s的时间 2)用于铰链门的舌块式门锁装置,如果该装置有一个用来检查门锁舌块可能变形的电气安全装置,并且在经过机械静态试验后,对该门锁装置的强度存在任何怀疑,则需要逐步增加载荷,直至舌块发生永久变形后,安全装置开始打开为止。门锁装置或者层门的其他部件不得破坏或者产生变形。在静态试验后,如果尺寸和结构都不会引起对门锁装置强度的怀疑,就没有必要对舌块进行机械耐久试验 3)试验后不应该产生可能影响安全的磨损、变形或者断裂	使用门锁静态试验设备进行试验
	2.2	机械动态试验: 1)处于锁住状态的门锁装置应该沿门开启方向进行一次冲击试验。此冲击相当于一个4kg的刚体从0.5m高度自由下落所产生的效果 2)试验后不应该产生可能影响安全的磨损、变形或者断裂	使用动态试验设备进行试验
	2.3	机械耐久试验: 1)门锁装置应当能够承受$1×10^6$次完全循环操作($±1\%$)。一次循环包括在两个方向上,具有全部可能行程的一次往复运动 2)对于有数扇门扇的水平或者垂直滑动门的门锁装置,门扇间采用的直接或者间接机械连接装置均看作门锁装置的组成部分,耐久试验应该按照工作状况把门锁装置安装在一个完整的门上进行。在其耐久试验中,每分钟的循环次数应该与结构的尺寸相适应 3)试验后不应该产生可能影响安全的磨损、变形或者断裂	1)使用门锁耐久试验装置进行试验 2)试验时,处于正常操作状态的门锁装置试样由它通常的操作装置控制,试样应该按照门锁装置制造商的要求进行润滑,当存在数种可能的控制方式和操纵位置时,试验当在元件处于最不利的受力状态下进行,操作循环次数和锁紧元件的行程应该由机械或者电气的计数器记录

项目及编号		试验内容与要求	试验方法
3 电气试验	3.1	电气耐久试验： 1）在机械耐久试验的同时进行门锁装置的电气触点的电气耐久试验 2）电气触点在额定电压和两倍额定电流的条件下接通一个电阻电路 3）电气耐久试验后，电气触点不应该产生影响安全的电蚀和痕迹	1）使用机械耐久试验装置和电阻性负载电路进行试验 2）试验应当在门锁装置处于工作位置的情况下进行。如果有数个可能的位置，则应当在被试验单位判定为最不利的位置上进行
	3.2	1）电气触点的接通和分断能力试验： ①在电气耐久试验后应该进行门锁装置电气触点的接通分断能力试验。试验应该按照 GB 14048.5—2008 规定的程序进行 ②作为试验基准的电流值和额定电压，应当有试验申请单位指明。如果没有具体规定，额定值应该符合下列值： 对于交流电为：230V，2A 对于直流电为：200V，2A ③在未说明电路类型的情况下，则应该试验交流电和直流电两种条件下的接通和分断能力	1）试验应当在门锁装置处于锁紧状态时进行，如果存在数个可能的位置，则试验应当在最不利的位置上进行 2）试验样品应当与正常使用时一样装有罩壳和电气布线
		2）交流电路接通和分断能力试验： ①在正常速度和时间间隔为 5~10s 的条件下，门锁装置的电气触点应该能够接通和断开一个电压等于 110% 额定电压的电路 50 次，触点应该保持闭合至少 0.5s ②试验电路应该符合电路功率因数等于 $0.7±0.05$，试验电流值等于 11 倍申请单位指明的额定电流的要求	1）使用交流接通和分断试验装置进行试验 2）试验电路应该串联一个空芯电感和一个电阻作为负载，使电路功率因数满足试验要求
		3）直流电路接通和分断能力试验： ①在正常速度和时间间隔为 5~10s 的条件下，门锁装置的电气触点应当能够接通和断开一个电压为 110% 额定电压的电路 20 次。触点应该保持闭合至少 0.5s ②电路的电流应当在 300ms 内达到试验电流稳定值的 95%，试验电流值为 1.1 倍生产单位指明的额定电流	1）使用直流接通和分断试验装置进行试验 2）试验电路应该串联一个铁心电感和一个电阻作为负载，使电路时间常数满足试验要求 3）试验电路时间常数 $T_{0.95}=6P\leqslant 300ms$，$P$ 为门锁装置电气触点控制的直流电磁铁负载的最大稳态消耗功率
		4）电气触点的接通和分断能力试验应该满足： ①试验期间门锁装置应当无电气和机构的故障，不应该发生电气触头的熔焊或者持续燃弧 ②试验后门锁装置电气装置应该能够承受 2 倍额定电压，但不低于 1000V 的工频试验电压	1）外观检查 2）使用耐压测试仪进行试验
	3.3	漏电流电阻试验： 1）门锁装置的电气安全装置的绝缘材料应该进行耐漏电起痕试验，试验应该按照 GB 4207—2012 规定的程序进行 2）绝缘材料应该通过 PTI175 试验，即试验各个电极应该连接在一个 175V、50Hz 的交流电源上	使用漏电起痕测试仪试验
	3.4	门锁装置的电气间隙和爬电距离应该满足： 1）对于外壳防护等级等于或者低于 IP4X 的触点：电气间隙至少为 3mm，爬电距离至少为 4mm 2）对于外壳防护等级高于 IP4X 的触点：电气间隙至少为 3mm，爬电距离至少为 3mm	使用尺和 IP 试具进行检查

项目五

※综合训练※

（1）填空题

1）_____是锁住层门不被随便打开的重要安全保护机构。当电梯在运行而并未停站时，各层层门都被_____锁住，则乘客不能从外面将层门撬开。只有当电梯停站时，层门才能被安装在轿门上的_____带动而开启。

2）当电梯检修人员需要从外部打开层门时，需要用一种符合要求的特制的_____才能把门打开。

3）GB 7588—2003中规定，门锁锁钩的啮合间隙应不小于_____。

（2）简答题

电梯的层门系统维保时都有哪些项目？各项目的标准是什么？需要注意哪些问题？

※评价反馈※

评价反馈见工作页。

任务二　电梯称量装置的检查与调整

※任务描述※

维保人员在对电梯进行年度自检的工作中发现电梯显示 EL，不响应外呼和内选。初步判断是超载保护装置问题，于是根据电梯故障代码表，对电梯进行检查，并做出适当调整。

※任务分析※

超载保护装置的作用是当轿厢超过额定负载时，能发出警告信号并使轿厢不能起动运行，避免意外的事故发生。

※知识链接※

GB 7588—2003《电梯制造与安装安全规范》第8.2.1条要求：为了防止人员超载，轿厢的有效面积应予以限制。额定载重量和最大有效面积之间的关系见表3-3。对于轿厢的凹进和凸出部分，不管高度是否小于1m，也不管其是否有单独门保护，在计算轿厢最大有效面积时均必须算入。当门关闭时，轿厢入口的任何有效面积也应计入。为了允许轿厢设计的改变，对表3-3所列各额定载重量对应的轿厢最大有效面积允许增加不大于表列值5%的面积。乘客数量应由下述方法获得：按公式 $\dfrac{额定载重量}{75}$ 计算，计算结果向下圆整到最近的整数；或取表5-3中较小的数值。

表 5-3　乘客数量与轿厢面积对应表

乘客人数/人	轿厢最小有效面积/m²	乘客人数/人	轿厢最小有效面积/m²
1	0.28	11	1.87
2	0.49	12	2.01
3	0.60	13	2.15
4	0.79	14	2.29
5	0.98	15	2.43
6	1.17	16	2.57
7	1.31	17	2.71
8	1.45	18	2.85
9	1.59	19	2.99
10	1.73	20	3.13

注：当乘客人数超过 20 人时，每增加 1 人，增加 0.115m²。

1）载重量控制。在轿厢超载时，电梯上的一个装置应防止电梯正常起动及再平层。所谓超越，是指超过额定载荷的 10 %，并至少为 75kg（GB 7588—2003 第 14.2.5.2 条）。在超载情况下：

① 轿内应有音响和（或）发光信号通知使用人员。

② 动力驱动自动门应保持在完全打开的位置。

③ 手动门应保持在未锁状态。

2）超载运行试验。电梯在 110% 额定载荷，通电持续率 40% 的情况下，起、制动运行 30 次，电梯应可靠地起动、运行和停止（平层不计），曳引机工作正常（电梯监督检验规程第 8.10 条）。

3）电梯平衡系数。电梯的平衡系数应为 0.4~0.5。

4）当轿厢面积不能限制载荷超过额定值时，需要 150% 额定载荷做曳引静载检查，历时 10min，曳引绳无打滑现象。

5）轿厢承载 125% 额定载荷，以正常运行速度下行时，切断电动机与制动器供电，轿厢应被可靠制停且无明显变形和损坏。

6）对重完全压在缓冲器上，空轿厢应不能被提升。

能检测电梯轿厢内负载变化状态，并发出信号的装置就是电梯称重装置。一旦电梯轿厢承重超载，称重装置检测出超载，则超载开关闭合，超载灯亮，警铃响，电梯不关门、不运行，直到卸载到额定载重量以内，电梯才恢复正常工作状态。它的作用是称量轿厢内负载的重量，并向控制柜提供轿厢负载信号，同时能提供轿厢的超、满载信号。一旦电梯的称重装置失效，电梯有坠落的危险。

一、轿底超载装置

一般轿底是活动的，称为活动轿厢式。这种形式的超载装置，采用橡胶块作为称量元件。橡胶块均布在轿底框上，有 6~8 个，整个轿厢支承在橡胶块上，橡胶块的压缩量能直接反映轿厢的重量，如图 5-4 所示。

在轿底框中间装有两个微动开关：一个在 80% 负重时起作用，切断电梯外呼载停电路，这个开关是满载开关；另一个在 110% 负重时起作用，切断电梯控制电路，这个开关是超载开关。碰触开关的螺钉直接装在轿底上，只要调节螺钉的高度，就可调节对超载量的控制范围。这种结构的超载装置有结构简单、动作灵敏等优点，橡胶块既是称量元件，又是减振元件，大大简化了轿底结构，调节和维护都比较容易。

二、轿顶称量式超载装置

（1）机械式　图 5-5 所示为机械式轿顶称量超载装置，以压缩弹簧组作为称量元件。

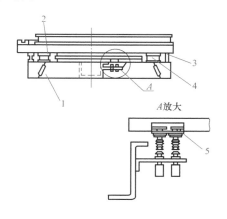

图 5-4　橡胶块式活动轿厢超载装置
1—轿底框　2—轿底　3—限位螺钉
4—橡胶块　5—微动开关

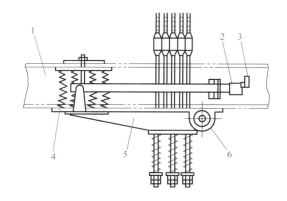

图 5-5　机械式轿顶称量超载装置
1—上梁　2—摆杆　3—微动开关　4—压簧
5—称杆　6—称座

称杆的头部铰支在轿厢上梁的称座上，尾部浮支在弹簧座上。摆杆装在上梁上，尾部与上梁铰接。采用这种装置时，绳头板装在称杆上。当轿厢负重变化时，称杆就会上下摆动，牵动摆杆也上下摆动。当轿厢负重达到超载控制范围时，摆杆的上摆量使其头部碰压微动开关触头，切断电梯控制电路。

（2）橡胶块式　如图 5-6 所示，四个橡胶块装在上梁下面，绳头板支承在橡胶块上，轿厢负重时，微动开关 2 就分别与装在上梁下面的触头螺钉触动，达到超载控制的目的。另外，橡胶块式称量装置结构简单，灵敏度高，且橡胶块既是称量的敏感元件，又是减振元件。但它的缺点主要是橡胶易老化变形，当出现较大称量误差时，需要更换橡胶块。

（3）负重传感器式　前面两种形式的装置，只能设定一个或两个称量限值，不能给出载荷变化的连续信号。为了适应其他的控制要求，特别是计算机应用于群控后，为了使电梯运行达到最佳的调度状态，必须对每台电梯的容流量或承载情况做统计分析，然后选择合适的群控调度方式。因此可采用负重式传感器作为称量元件，它可以输出载荷变化的连续信号。目前用得较多的是应变式负重传感器。图 5-7 所示为一种将应变式负重传感器装于轿顶的称量装置，也可将传感器安装在机房，或安装在活络轿底下。

三、机房称量式超载装置（机械式）

当轿底和轿顶都不能安装超载装置时，可将其移至机房中。此时电梯的曳引绳绕法应采用 2∶1（曳引比非 1∶1）。图 5-8 所示为这种装置的结构示意图。

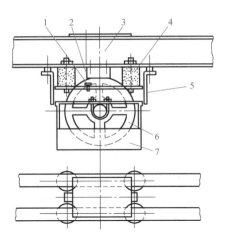

图 5-6　橡胶块式轿顶称量装置

1—触头螺钉　2—微动开关　3—上梁　4—橡胶块
5—限位板　6—轿顶轮　7—防护板

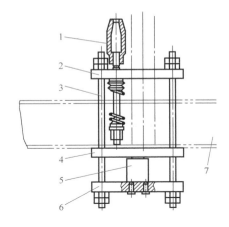

图 5-7　负重传感器称量装置

1—绳头锥套（4~5 只）　2—绳吊板　3—拉杆螺栓
4—托板　5—传感器　6—底板　7—轿厢上梁

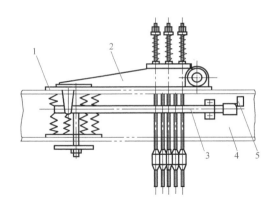

图 5-8　机房称量式超载装置

1—压簧　2—称杆　3—摆杆　4—承重梁　5—微动开关

※任务实施※

任务实施步骤见表 5-4。

电梯称重装置检验中应注意如下问题：

1）电梯轿厢面积问题的控制和检验。

① 应以 125% 轿厢实际载重量达到了轿厢面积按表 3-3 规定所对应的额定载重量进行静态曳引检查。

② 对于瞬时式安全钳，应以轿厢实际载重量达到了轿厢面积按表 3-3 规定所对应的额定载重量进行安全钳的动作试验；对于渐进式安全钳，取 125% 额定载重量与轿厢实际载重量达到了轿厢面积按表 3-3 规定所对应的额定载重量两者中的较大值，进行安全钳的动作试验。

2）电梯超载装置检验，特别是电梯发生事故后的检验。

表 5-4　任务实施步骤

序号	操作步骤	图示	注意事项
1	做好安全防护措施		
2	安全进入底坑		
3	满载开关的验证		两人互相呼应好,一人在机房以检修速度运行电梯,将电梯运行到下端站平层。在轿厢内均匀放置80%的额定载荷,底坑操作人员调节称量装置至合适位置,另一人按下最高层内选按钮运行电梯,还需一人在中间层站层门外按下外呼按钮,则相应的内选指示灯亮,但是电梯到达该层后并不停止,而是执行完内选指令后,再执行外呼指令
4	超载开关的验证		在下端站,在轿厢内均匀放置110%的额定载荷,底坑操作人员调节称量装置至合适位置,这时,电梯超载指示灯亮,警铃响,电梯不关门,所有信号均不响应
5	清理现场		1)将所有开关恢复到原来状态 　2)检查工具、材料、器件有无遗落在设备上或控制柜内 　3)清点工具、材料,整理工作现场 　4)送电试运行,观察电梯运行状态,发现异常应及时停梯检查

3）电梯开门状态的再平层功能,该功能在超载时应不起作用。

4）应加强电梯曳引能力的检验。如电梯以正常速度在行程上部空载上行断电,检查轿厢制停及完好情况。

5）酒店电梯检验时,应注意轿厢是否经过装修,电梯平衡系数是否被改变,超载是否重新调整过。

6）电梯运行过程中,超载装置是否有效,是否会就近平层。

※巩固与提高※

大连一电梯超载运行突然下落致 19 人受伤 5 人重伤

2007 年 3 月 12 日,大连市最高建筑世贸大厦电梯发生事故,19 人受伤,其中 5 人伤势严重，主要为脊柱、关节损伤和腰椎骨折。据国家质检总局统计，近年来我国电梯事故频发，2006 年全国共发生电梯严重以上事故 39 起，死亡 31 人。

大连世贸大厦发生的这起电梯突然下滑事故，在电梯事故中俗称"蹲底"，是电梯在运行过程中最常见的安全事故之一，超载往往是引发此类事故的重要原因。该电梯核定承载量为 1350kg，允许载客 20 人。这次乘坐 26 人，就是说超载运行。

超载是电梯运行的重大隐患。因此为避免超载引发事故，电梯在设计时都设置有超载开关，一旦超员，电梯会自行发出警报，并自动停止运行。但是该电梯并没有发出任何警报，也没有停止运行。本该在超载运行时做出警告并自动停止运行的安全系统怎么失灵了呢？质检人员对发生事故的电梯进行检查时找到了答案。就是电梯轿厢按钮盒后面那块通信信号传输板已经布满了锈迹，由于锈迹有可能造成电梯信号传输短路，使之信号混乱，超载报警装置失灵。

质检人员讲解，通信信号传输板相当于电梯超载报警系统的中枢神经，在乘坐电梯时看到的这种超载提示，以及电梯超载时发出的报警声，都是由通信信号传输板感应信息时自动发出的指令。因此，保证通信信号传输板的正常工作，是电梯维修保养中最重要的内容之一。可是，恰恰是这样一个重要部件，在世贸大厦发生事故前的关键时刻却因生锈导致系统失灵了。这样关键的部件怎么会生锈呢？原来在这次事故发生之前一个月，世贸大厦曾经发生过一起火灾，消防人员及时扑灭了大火，挽救了大厦，但正是这场水与火的考验，给大厦电梯系统的安全运行埋下了隐患。水通过 9 楼的楼梯和（电梯）井道流到下面，对这个电梯造成了一定程度的损坏，导致这个开关的失灵。

※综合训练※

（1）填空题

1）在轿厢超载时，电梯上的一个装置应防止电梯_____及_____。

2）做超载运行试验时，电梯在_____额定载荷，通电持续率_____的情况下，启、制动运行 30 次，电梯应可靠地起动、运行和停止（平层不计），曳引机工作正常。

3）能检测电梯轿厢内负载变化状态，并发出信号的装置就是_____。

4）在轿底框中间装有两个微动开关：一个在_____负重时起作用，切断电梯外呼载停电路，这个开关是满载开关；另一个在_____负重时起作用，切断电梯控制电路，这个开关是超载开关。

（2）简答题

1）为什么电梯的平衡系数为 40%~50%？

2）电梯轿厢瞬间涌入大量的乘客，载荷瞬间超过了电梯的额定载荷，此时电梯超载装置还能起到保护作用吗？

※评价反馈※

评价反馈见工作页。

任务三　缓冲器冲程的测量及调整

※任务描述※

维保人员对电梯进行年度维保，经过测量，电梯的缓冲器冲程与国家标准不符，需要调整缓冲器的冲程。

※任务分析※

电梯由于控制失灵、曳引力不足或制动失灵等发生轿厢或对重蹲底时，缓冲器将吸收轿厢或对重的动能，提供最后的保护，以保证人员和电梯结构的安全。

※知识链接※

缓冲器分蓄能型缓冲器和耗能型缓冲器，目前，又出现了新型的聚氨酯缓冲器。蓄能型缓冲器和聚氨酯缓冲器主要以弹簧和聚氨酯材料等为缓冲元件，耗能型缓冲器主要是油压缓冲器。当电梯额定速度很低时（如小于 0.4m/s），轿厢和对重底下的缓冲器也可以使用实体式缓冲块来代替，其可用橡胶、木材或其他具有适当弹性的材料制成。但使用实体式缓冲器也应有足够的强度，能承受具有额定载荷的轿厢（或对重），并以限速器动作时的规定下降速度冲击而无损坏。

一、弹簧缓冲器（蓄能型缓冲器）

弹簧缓冲器（见图 5-9）一般由缓冲橡皮、缓冲座、弹簧和弹簧座等组成，用地脚螺栓固定在底坑基座上。

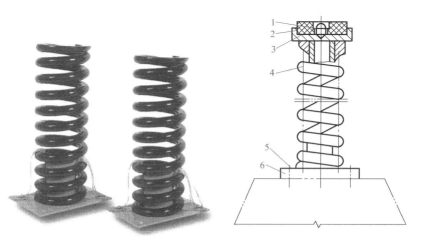

图 5-9　弹簧缓冲器实物及原理图

1—螺钉及垫圈　2—缓冲橡皮　3—缓冲座　4—压缩弹簧　5—地脚螺栓　6—弹簧座

为了适应大吨位轿厢，压缩弹簧可由组合弹簧叠合而成。行程高度较大的弹簧缓冲器，为了增强弹簧的稳定性，在弹簧下部设有导套（见图5-10）或在弹簧中设导向杆。

弹簧缓冲器受到轿厢或对重装置的冲击时，依靠弹簧的变形来吸收轿厢或对重装置的动能。当电梯运行到井道下部时，因断绳或超载等各种原因，使电梯超越底层停站继续下降，但下降的速度未达到限速器动作的速度。在下部限位开关不起作用的情况下，设置在底坑中的轿厢缓冲器可以减缓轿厢对底坑的冲击。当轿厢超越最高停站继续上行时，则在上部限位开关不起作用的情况下，设置在底坑中的对重缓冲器可以减缓对重对底坑的冲击。但当弹簧压缩到极限位置后，弹簧要释放缓冲过程中的弹性变形能使轿厢反弹上升，撞击速度越高，反弹速度越大，并反复进行，直至弹力消失、能量耗尽，电梯才完全静止。因此弹簧缓冲器的特点是缓冲后存在回弹现象，即缓冲不平稳的缺点，所以弹簧缓冲器仅适用于低速电梯。

弹簧缓冲器一般用于额定速度在1m/s以下的电梯中。轿厢与缓冲器的冲击分为两种情况：一种是有对重影响下的冲击，另一种是断绳情况下的冲击。曳引钢丝绳断裂情况虽说不存在，但按断绳情况设计弹簧缓冲器方法简单，而且在两种情况下设计的缓冲器参数相差不大，因此目前缓冲器的设计基本上按断绳情况进行。

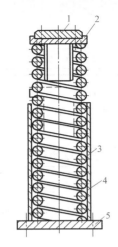

图 5-10 有弹簧导套的
弹簧缓冲器
1—橡胶缓冲垫 2—上
缓冲座 3—弹簧
4—弹簧套 5—底座

1. 缓冲器弹簧受的最大压力

缓冲器弹簧受的最大压力 P（单位：kg）可按式（5-1）计算，即

$$P = \frac{Wa}{g} + W \tag{5-1}$$

式中 W——轿厢总重（轿厢重+额定载重，kg）或对重总重（轿厢重+50%额定载重，kg）；

g——重力加速度，$g = 9.81 \mathrm{m/s^2}$；

a——轿厢或对重冲击缓冲器时的最大减速度（$\mathrm{m/s^2}$）。

从乘客身体适应情况考虑，一般冲击减速度 a 规定在（2~3）g 范围内。

2. 缓冲器弹簧的压缩行程

根据能量守恒定律，在轿厢或对重冲击缓冲器时，有以下关系式，即

$$\frac{W}{2g}v^2 + WS = \frac{SP}{2} \tag{5-2}$$

式中 S——缓冲器弹簧压缩行程（m）；

v——限速器动作速度（m/s）。

整理式（5-2）得

$$S = \frac{v^2}{g} = \frac{v^2}{9.8} \tag{5-3}$$

式（5-3）为计算缓冲器弹簧压缩行程的公式。

GB 7588—2003《电梯制造与安装安全规范》第 10.4.1.1.1 条规定：缓冲器可能的总行程应至少等于相应于115%额定速度的重力制停距离的两倍，即 $0.135v^2$，单位为 m，

无论如何，此行程不得小于 65mm。

3. 缓冲器底座承受的冲击力

设缓冲器底座承受的冲击力为 R，则

$$R = P$$

即底座承受的冲击力等于缓冲器弹簧承受的最大压缩力。

通常在电梯土建设计时，底座承受的冲击力按下面简单的方法计算，即

$$R_I = \frac{4(G+W)}{n} \tag{5-4}$$

式中　R_I——轿厢冲击力；

　　　G——轿厢重；

　　　W——额定载重；

　　　n——缓冲器数。

对重下侧缓冲器底座承受的冲击力按式（5-5）计算，即

$$R_i = \frac{4(G+0.5W)}{n} \tag{5-5}$$

式中　R_i——对重冲击力。

二、油压缓冲器（耗能型缓冲器）

与弹簧缓冲器相比，油压缓冲器具有缓冲效果好、行程短、没有回弹作用等优点。额定速度在 1 m/s 以上的电梯都采用油压缓冲器。常用的油压缓冲器的结构如图 5-11 所示

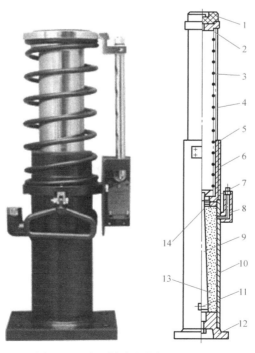

图 5-11　油压缓冲器实物及原理图

1—橡胶垫　2—压盖　3—复位弹簧　4—柱塞　5—密封盖　6—油缸套　7—弹簧托座　8—注油弯管
9—变量棒　10—缸体　11—放油口　12—油缸座　13—油　14—环形节流孔

（该图为半剖视的立面图）。它的基本构件是缸体10、柱塞4、缓冲橡胶垫1和复位弹簧3等。缸体内注有缓冲器油13。

其工作原理是，当油压缓冲器受到轿厢和对重的冲击时，柱塞4向下运动，压缩缸体10内的油，油通过环形节流孔14喷向柱塞腔。当油通过环形节流孔时，由于流动截面面积突然减小，就会形成涡流，使液体内的质点相互撞击、摩擦，将动能转化为热量散发掉，从而消耗了电梯的动能，使轿厢或对重逐渐缓慢地停下来。

因此油压缓冲器是一种耗能型缓冲器，它利用液体流动的阻尼作用，缓冲轿厢或对重的冲击。当轿厢或对重离开缓冲器时，柱塞4在复位弹簧3的作用下，向上复位，油重新流回油缸，恢复正常状态。由于油压缓冲器是以消耗能量的方式实行缓冲的，因此无回弹作用。同时，由于变量棒9的作用，柱塞在下压时，环形节流孔的截面面积逐步变小，使电梯的缓冲接近匀速运动。因而，油压缓冲器具有缓冲平稳的优点，在使用条件相同的情况下，油压缓冲器所需的行程可以比弹簧缓冲器减少一半。所以油压缓冲器适用于各种电梯。

复位弹簧在柱塞全伸长位置时应具有一定的预压缩力，在全压缩时，反力不大于1500N，并应保证缓冲器受压缩后柱塞完全复位的时间不大于120s。为了验证柱塞完全复位的状态，耗能型缓冲器上必须有电气安全开关。安全开关在柱塞开始向下运动时即被触动切断电梯的安全电路，直到柱塞完全复位时开关才接通。

缓冲器油的黏度与缓冲器能承受的工作载荷有直接关系，一般要求采用有较低的凝固点和较高黏度指标的高速机械油。在实际应用中，不同载重量的电梯可以使用相同的油压缓冲器，而采用不同的缓冲器油，黏度较大的油用于载重量较大的电梯。

GB 7588—2003《电梯制造与安装安全规范》第10.4.3.3条规定耗能型缓冲器应符合下列要求：

1）当装有额定载重量的轿厢自由落体并以115%额定速度撞击轿厢缓冲器时，缓冲器作用期间的平均减速度不应大于 $1g_n$。

2）$2.5g_n$ 以上的减速度时间不应大于0.04s。

3）缓冲器动作后，应无永久变形。

三、油压缓冲器的压缩行程计算

根据上述规定和能量守恒定律（忽略复位弹簧做功），在缓冲器工作过程中，有如下等式存在，即

$$\frac{Wv^2}{2g} + WS = 2WS \tag{5-6}$$

式中　W——轿厢或对重总质量（kg）；

v——限速器动作速度（m/s）；

g——重力加速度，$g = 9.81\text{m/s}^2$。

整理式（5-6）得缓冲器压缩行程为

$$S = \frac{v^2}{2g} \tag{5-7}$$

GB 7588—2003《电梯制造与安装安全规范》第10.4.3.1条规定：耗能型缓冲器的总行程应至少等于相应于115%额定速度的重力制停距离，即 $0.067v^2$。

对于速度很高的电梯，即使采用油压缓冲器，按 $0.067v^2$ 计算出的压缩行程仍然显得过大，需要较深的电梯底坑与之相适应。而过深的底坑深度要求，将给建筑带来很大的困难。

因此，有关油压缓冲器压缩行程问题，在电梯安全规范中又有如下规定：如果电梯在其行程末端有符合安全要求的减速装置，则对于超高速电梯的油压缓冲器压缩行程允许按如下要求进行处理：即按 $0.067v^2$ 计算缓冲器压缩行程时，可采用轿厢（或对重）与缓冲器接触时的速度取代额定速度。但是，行程不得小于：①当额定速度不超过 4m/s 时，按 $0.067v^2$ 计算行程的 50%；②当额定速度超过 4m/s 时，按 $0.067v^2$ 计算行程的 1/3。

任何情况下，行程不应小于 0.42m。

四、缓冲器的安装

缓冲器一般安装在底坑的缓冲器座上。若底坑下是人能进入的空间，则对重在不设安全钳时，对重缓冲器的支座应一直延伸到底坑下的坚实地面上。

轿底下梁撞板、对重架底的撞板至缓冲器顶面的距离称为缓冲距离，即图 5-12 中的 S_1 和 S_2。当电梯失控、对重冲向缓冲器时，轿厢上部的空间能够满足，不会碰到顶就可以了。

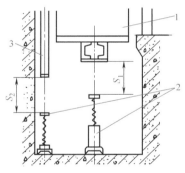

图 5-12　缓冲器安装位置图
1—轿厢　2—缓冲器　3—对重

GB/T 10060—2011 第 5.2.9.5 条要求：同一基础上的两个缓冲器顶部与轿底对应距离差不大于 2mm。

※任务实施※

任务实施步骤见表 5-5。

表 5-5　任务实施步骤

序号	操作步骤	图示	注意事项
1	工作前，做好安全防护措施		在进出底坑时，必须确保安全。按照要求，确认门锁开关、底坑紧急停止开关（有的电梯还有一个 1m 紧急停止开关）全部有效后，方可进入底坑

项目五

序号	操作步骤	图示	注意事项
2	一人在底坑操作，另一人在机房操作		两人密切配合，机房操作人员听从底坑操作人员的指挥，并确认无误后方可操作
3	用钢直尺测量轿厢底撞板底端与缓冲器顶端的距离		将电梯轿厢停在下端站平层，底坑操作人员按下紧急停止开关后，用钢直尺测量轿厢底撞板底端与缓冲器顶端的距离，并记录
4	将测量到的数据与国家标准对比		将测量到的数据与国家标准对比，如不符合国家标准的要求，分析原因后，根据具体情况再进行调整 GB 7588—2003《电梯制造与安装安全规范》10.4.3.1 中规定：耗能型缓冲器的总行程应至少等于相应于 115% 额定速度的重力制停距离，即 $0.067v^2$
5	退出底坑，清理现场		退出底坑，撤除防护装置，将轿厢投入试运行，运行无误后清理现场

※巩固与提高※

电梯缓冲器型式试验内容、要求和方法

一、概述

1）制造厂或其授权的代理人（申请单位）应填写型式试验申请书，并提交给经国家特种设备监督管理部门核准的型式试验机构。

2）试验样品的选送应由型式试验机构和申请单位商定。

3）申请单位可以派人参加型式试验。

4）型式试验必备的仪器设备：万能试验机；试验塔架；时间、速度、减速度测试仪（其系统频率不应小于 1000Hz，时间应记录到 0.01s 脉宽的时间脉冲），或采用与上述仪器设备具有同样功能的仪器设备。

5）申请单位需向型式试验机构提供说明下列内容的文件资料：

① 缓冲器的使用范围：缓冲器的允许质量范围；缓冲器的最大允许冲击速度；缓冲器的最大压缩行程（非线性缓冲器除外）。

② 缓冲器设计制造参数：缓冲器类别、型号和安装方式；缓冲器装配详图，能够显示缓冲器的结构、动作、使用的材料、构件的尺寸和配合公差；线性蓄能型缓冲器的"力-行程"曲线图；液压缓冲器的"液体通道的开口度"与"缓冲器行程"的函数关系。

③ 证书及随机文件：上一年度缓冲器型式试验报告和型式试验证书，新产品的型式

试验除外；缓冲器使用维护说明书；液压缓冲器使用液体的规格；橡胶类非线性缓冲器使用环境条件（温度、湿度、污染等）。

④ 型式试验机构要求的其他补充文件资料。

6）申请单位需向型式试验机构提供下列试验样品：一个缓冲器；液压缓冲器用液体，此液体应单独发送。

二、线性蓄能型缓冲器型式试验的内容要求与方法（见表5-6）

表 5-6　线性蓄能型缓冲器型式试验的内容要求与方法

检验项目	项目编号	检验内容与要求	检验方法
1 线性蓄能型缓冲器	1.1	线性蓄能型缓冲器可能的总行程： 1）对于使用破裂阀或单向节流阀作为防坠落保护的液压电梯缓冲器，应至少等于相应于表达式 $v_d+0.3\text{m/s}$ 给出速度的重力制停距离的两倍，即 $0.102(v_d+0.3)^2$，单位为 m 2）对于其他的所有电梯，应至少等于相应于 115% 额定速度的重力制停距离的两倍，即 $0.135v^2$，单位为 m 无论如何，此行程不得小于 65mm 式中　v_d——液压电梯轿厢下行的额定速度（m/s）； 　　　　v——电梯额定速度（m/s）	
	1.2	对线性蓄能型缓冲器进行完全压缩试验。在进行两次完全压缩试验后，缓冲器部件不得有损坏 试验期间应记录缓冲器"力-压缩行程"载荷图	1）使用万能试验机进行试验 2）在进行两次完全压缩试验后，缓冲器部件应无损坏 3）试验时检查缓冲器的压缩行程 4）计算总允许质量范围
	1.3	缓冲器的允许质量由下列公式计算： 1）缓冲器只能用于： ①对于使用破裂阀或单向节流阀作为防坠落保护的液压电梯： $$v_d\leqslant\sqrt{\frac{F_L}{0.102}}-0.3\text{m/s}\ \text{且}\ v_d\leqslant1.0\text{m/s}$$ ②对于其他的所有电梯： $$v_d\leqslant\sqrt{\frac{F_L}{0.135}}\ \text{且}\ v\leqslant10\text{m/s}$$ 2）缓冲器总允许质量范围： ①最大 $\dfrac{C_r}{2.5}$ ②最小 $\dfrac{C_r}{4}$ 式中　C_r——完全压缩缓冲器所需的质量（kg）； 　　　　F_L——总压缩量（m）	

三、耗能型缓冲器型式试验的内容要求与方法（见表 5-7）

表 5-7　耗能型缓冲器型式试验的内容要求与方法

检验项目	项目编号	检验内容与要求	检验方法
2 耗能型缓冲器	2.1	耗能型缓冲器可能的总行程： 1）对于使用破裂阀或单向节流阀作为防坠落保护的液压电梯缓冲器，应至少等于相应于表达式 $v_d + 0.3\text{m/s}$ 给出速度的重力制停距离，即 $0.051(v_d + 0.3)^2$，单位为 m 2）对于其他的所有电梯，应至少等于相应于 115% 的额定速度的重力制停距离，即 $0.0674v^2$，单位为 m 式中　v_d——液压电梯轿厢下行额定速度（m/s）； 　　　　v——电梯额定速度（m/s）	1）试验前检查缓冲器可能的总行程 2）试验前缓冲器加注符合要求的液体并检查液位 3）缓冲器应以正常工作的同样方式安装和固定 4）使用试验塔架和减速度测试仪进行试验 5）试验期间记录下落距离、速度、加速度、减速度和液体温度等 6）当试验结果与申请书中的最大或/和最小允许质量不相符时，在征得申请单位同意后，型式试验机构可以确定能够接受的允许质量范围
	2.2	液压耗能型缓冲器的结构应便于检查其液位	
	2.3	借助重物自由降落对缓冲器进行冲击试验，使用最大质量和最小质量先后分别各进行一次试验	
	2.4	冲击试验应符合下列要求： 1）在撞击瞬间达到要求的最大速度 2）每次试验后，缓冲器应保持完全压缩状态 5min 3）每次试验间隔至少为 30min 4）试验环境温度在 15~25℃ 范围内	
	2.5	试验结果应符合下列要求： 1）缓冲器平均减速度应不大于 $1.0g_n$ 2）减速度峰值超过 $2.5g_n$ 的时间应不大于 0.04s 3）每次试验后释放缓冲器时，对于弹簧复位或重力复位式，缓冲器完全复位时间应不大于 120s 4）两次试验结束 30min 后，液面应再次达到能确保缓冲器性能的位置 5）冲击试验后，缓冲器应无损坏	

四、非线性蓄能型缓冲器型式试验的内容要求与方法（见表 5-8）

表 5-8　非线性蓄能型缓冲器型式试验的内容要求与方法

检验项目	项目编号	检验内容与要求	检验方法
3 非线性蓄能型缓冲器	3.1	借助重物自由降落对缓冲器进行冲击试验,应使用最大质量和最小质量先后分别各进行三次试验	1) 缓冲器应以正常工作的同样方式安装和固定 2) 使用试验塔架和减速度测试仪进行试验 3) 试验期间记录下落距离、速度、加速度和减速度等 4) 计算平均减速度的时间为首次出现两个绝对值最小的减速度之间的时间差 5) 当试验结果与申请书中的最大或/和最小允许质量不相符时,在征得申请单位同意后,型式试验机构可以确定能够接受的允许质量范围
	3.2	冲击试验应符合下列要求: 1) 在撞击瞬间达到要求的最大速度,且不小于 0.8m/s 2) 应保证碰撞瞬间的加速度至少为 $0.9g_n$ 3) 每次试验间隔为 5~30min 4) 试验环境温度在 15~25℃ 范围内 5) 进行三次最大质量试验过程中,当缓冲行程等于缓冲器实际高度的 50% 时,所对应的缓冲力坐标值之间的变化应不大于 5%;在进行最小质量试验时也应满足这一要求	
	3.3	试验结果应符合下列要求: 1) 缓冲器平均减速度应不大于 $1.0g_n$ 2) 减速度峰值超过 $2.5g_n$ 的时间应不大于 0.04s 3) 试验重物的反弹速度应不大于 1.0m/s 4) 冲击试验后,缓冲器应无损坏	

※综合训练※

（1）填空题

1）缓冲器分_____型缓冲器和_____型缓冲器。

2）弹簧缓冲器一般由_____、_____、_____、_____等组成,用地脚螺栓固定在底坑基座上。

3）弹簧缓冲器一般用于额定速度在_____以下的电梯中。

4）轿厢在两端站平层位置时,轿厢、对重装置的撞板与缓冲器顶面间的距离,对蓄能型缓冲器应为_____,对耗能型缓冲器应为_____。缓冲器中心与轿厢和对重相应撞板中心的偏差不超过_____。

（2）简答题

1）电梯运行过程中,都有哪些设备可以预防电梯的冲顶或蹲底?

2）简述油压缓冲器的工作原理。

3）简述测量和调整缓冲器缓冲距离的步骤及方法。

※评价反馈※

评价反馈见工作页。

项目六
垂直电梯维修

知识目标：

1. 知道安全回路、门锁回路的组成；

2. 能识读门锁回路、安全回路电路图；

3. 知道盘车放人、电梯年检的工作流程及申报材料。

能力目标：

1. 能根据故障现象，利用图样、万用表、螺钉旋具等工具进行故障维修；

2. 能利用盘车装置进行盘车放人；

3. 能根据电梯年检的要求准备相关资料并报质监局申请年检。

素质目标：

1. 按"6S"要求妥善保管各种电气元器件、电工工具；

2. 对自身、他人和设备安全具有责任意识；

3. 具有与人沟通、合作的能力；

4. 具有成本意识和节能环保意识。

任务一　安全回路故障的维修

※任务描述※

电梯的安全回路是保障电梯安全运行的电路，电梯维保工对安全回路进行检修，保证电梯安全运行。

※任务分析※

为保证电梯能安全地运行，在电梯上装有许多安全部件。只有在每个安全部件都正常的情况下，电梯才能运行，否则电梯立即停止运行。

※知识链接※

所谓安全回路，就是在电梯各安全部件都装有一个安全开关，把所有的安全开关串联，控制一只安全继电器。只有在所有安全开关都接通的情况下，安全继电器吸合，电梯才能得电运行。图6-1所示为电梯常见的安全回路原理图。

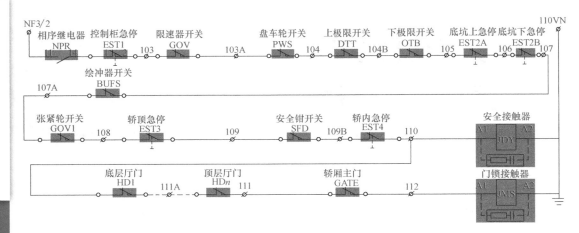

图 6-1　安全回路原理图

一、电梯安全回路电气装置

1. 供电系统断相、错相保护装置

当电梯的供电系统中出现断相（即缺相）时，电气安全系统能自动停车，以免造成电动机过热或烧毁。当电梯电源系统出现错相（即相序错位）时，电梯的电气安全系统能自动停止供电，以防止电梯电动机反转造成危险。电气安全系统安装在机房的控制柜内。

2. 超越上下极限工作位置的保护装置

当电梯运行到顶层或底层位置时，仍不能停车，继续向上或向下运行，在井道中设有极限保护装置，以防止电梯冲顶或蹲底造成事故。极限保护装置安装在上下端站的井道中。

3. 慢速移动轿厢装置

当电梯电气系统发生故障或需要慢速移动轿厢来进行维修时，可使用慢速移动轿厢装置，使电梯轿厢慢上或慢下运行。

4. 检修运行开关

检修运行开关是用于检修，或在电梯故障后，将电梯开到平层位置的开门装置。

5. 停止装置

当电梯出现非正常运行时，可操作停止装置按钮，紧急停车。

上述三个装置安装在一个操作箱内，称之为检修盒，在机房、轿顶和轿厢内各有一个。底坑的检修盒内只有停止装置，而没有检修运行开关和慢速移动轿厢装置。

6. 强迫换速开关

在电梯井道的底层和顶层，当电梯运行到减速位置时，应立即换（减）速，切断高速，以免造成冲顶或蹲底。

7. 限位安全保护开关

限位安全保护开关由上、下限位开关组成。如果减速开关未起作用，限位开关则动作，使电梯停止，切断方向接触器。

8. 极限保护开关

如果限位开关未起作用，则极限开关动作，切断上、下行接触器电源，使电梯停止运转。

以上三个开关称之为端站保护开关，安装在井道的上、下端站处。

9. 超速及断绳保护

限速装置装有联动的开关，即限速器上的超速开关和张紧轮上的断绳开关。在电梯超速时（超过额定速度的115%～140%），超速开关动作，切断控制回路，使安全钳卡住导轨。在限速器钢丝绳断裂或过长时，断绳开关动作，使电梯急停。

10. 超载保护

当电梯超过额定载重量时，开关动作，发出警告信号，切断控制电路，使电梯不能起动。在额定载荷内，开关自动复位。超载保护开关安装在轿厢底部。

11. 防夹安全保护装置

在自动电梯上，装有自动开关门机构，在轿门与层门之间，装有防止夹人（物）的机械保护装置，该装置称为防夹装置。当电梯关门，触板碰到人或物阻碍关门时，自动开门机构动作，使门重新开启。

当电梯处于停止状态时，所有信号不能登记，快车慢车均无法运行，首先怀疑是安全回路故障，应该到机房控制屏观察安全继电器的状态。如果安全继电器处于释放状态，则应判断为安全回路故障。

二、安全回路故障产生的原因

1）输入电源的相序错或有缺相，引起相序继电器动作。

2）电梯长时间处于超负载运行或堵转，引起热继电器动作。

3）可能限速器超速引起限速器开关动作。

4）电梯冲顶或蹲底引起极限开关动作。

5）底坑断绳开关动作，可能是限速器绳跳出或超长。

6）安全钳动作。应查明原因，可能是限速器超速动作、限速器失油误动作、底坑绳轮失油、底坑绳轮有异物（如老鼠等）卷入、安全楔块间隙太小等。

7）安全窗被人顶起，引起安全窗开关动作。

8）可能有的急停开关被人按下。

9）如果各开关都正常，应检查其触点接触是否良好，接线是否有松动等。另外，目前较多电梯虽然安全回路正常，安全继电器也吸合，但通常在安全继电器上取一副常开触点再送到微机（或PC机）进行检测。如果安全继电器本身接触不良，也会引起安全回路故障。

※任务实施※

任务实施步骤见表6-1。

表6-1　任务实施步骤

序号	操作步骤	图示	注意事项
1	穿戴好劳保用品，挂警示牌，做好准备，进入机房		1）操作前，务必要断电、挂牌、上锁 2）将各电气装置紧固

项目六

序号	操作步骤	图示	注意事项
2	安全回路检查		用万用表欧姆档或蜂鸣器档,依次测量安全回路各触点,找出故障点 注意:一般将安全回路划分为机房部分、轿厢部分和井道部分,缩小排查范围
3	安全回路维修		找到故障点后,进行维修
4	清理现场		操作完毕,撤除安全护栏后,将电梯投入运行

※巩固与提高※

电梯的维修保养技术要领

一、每日检查保养制

每日检查保养制要求维修保养人员每日对电梯的使用和运行情况,向电梯司机认真询问,然后亲自考察一下,最后对检查后的各部位情况做好日记录。保养的重点部位应放在电梯运行动作的正确性和电梯运行速度的稳定性上。如发现有问题,及时解决,确保电梯运行不带故障地安全使用。

每日检查保养制工作的具体部位如下:

1. 在电梯运行动作的正确性方面

1）轿内操纵面板上各开关、按钮和信号指示是否正确。

2）厅外层站召唤、层楼显示是否正确。

3）轿厢停层平面位置是否准确。

4）控制屏接收指令和控制实际运行动作是否协调一致。

5）轿内实际负载和轿内额定负载是否一致。

2. 在电梯运行速度的稳定性方面

1）自动门机在开门、关门全过程中的速度应正常稳定。

2）曳引机的快车和慢车速度应正常稳定。

3）曳引电动机的快车和慢车速度应正常稳定。

4）限速器装置的转动轮和轿厢运行速度应一致。

5）电梯在全速运行时，由快速转换成慢速时，起动运行和停止运行时，轿厢内要有安全、平稳和舒适的感觉。

6）电梯的检修点动短程运行应稳定正常。

这些是每日检查保养制的重点和具体部位。

二、每周检查保养制

每周检查保养制要求保养人员每周对电梯的运行安全装置的可靠性和电梯运转零部件的灵活性方面进行检查，确保电梯安全运行以及运转正常。

每周检查保养制的具体内容如下：

1. 电梯运行安全装置的可靠性检查

1）层门门锁作用是否可靠。

2）轿、层门电气限位联锁作用是否可靠。

3）轿内急停按钮或安全开关的作用是否可靠。

4）安全钳限位开关的作用是否可靠。

5）安全窗开关的作用是否正确。

6）轿顶操纵箱、操纵开关的作用是否正确可靠。

7）上、下端站强迫换速慢车限位开关的作用是否正确。

8）上、下端站强迫慢车停止限位开关的作用是否正确。

9）上、下端站极限开关动作可靠性的作用是否正确。

10）底坑内张紧轮和钢带轮上的断绳（带）开关作用是否正确。

11）底坑内电梯急停开关的作用是否正确。

12）缓冲器（弹簧或油压）性能是否良好，装置是否完整，作用是否可靠。

13）机房电源开关和极限电源开关的作用是否正确。

14）制动器闸瓦制动或释放性能是否良好，间隙是否符合标准（不大于0.7mm）。

15）人力曳引机松闸装置的作用是否可靠。

16）控制屏开关门的继电器联锁作用是否可靠。

17）控制屏方向交流接触器联锁作用是否可靠。

18）限速器装置动作是否灵敏，限速是否可靠。

19）客梯轿门上的安全触板或光电感应器的限位动作是否正确可靠。

2. 电梯运转零部件灵活性的检查

1）轿、层门滑动轮灵活性是否良好。

2）货梯传动轮的灵活性要好。

3）轿、层门下部门滑块的滑移性能要好。

4）轿、层门中间各摆杆的关节活动性要好，运动自如。

5）货梯的轿顶轮要转动灵活。

6）货梯的对重轮转动要灵活。

7）客梯的导向轮转动要灵活。

8）高速梯的补偿轮润滑要好，转动灵活。

9）限速器轴承的滑动性能要良好。

10）张紧轮和钢带轮转动保持灵活。

11）导轨全长应保持垂直、平整，接头光滑。

12）滚动导靴的轴承及轮面灵活性好（中心跳动量要一致）。

13）安全触板各活动关节灵活性要好。

14）曳引机箱内油位正常，润滑充分，确保蜗轮、蜗杆运转正常。

15）检查曳引电动机油池的油位情况、清洁程度和润滑状况，确保电动机运转正常。

三、每月检查保养制

每月检查保养制要求：电梯维修保养人员每月进行 1~2 次，认真检查容易松动部位的牢固性和容易磨损部位的完整性，使整台电梯的整个结构，处在完整、无损、紧密牢固的良好状态。每月检查保养的具体部位如下：

1. 电梯紧固部位牢固性的检查

1）层门门框结构的牢固性。

2）轿厢结构的牢固性。

3）层门、轿门滑轮轴的紧定螺钉。

4）导轨压板螺栓联接的牢固性。

5）导轨支架的牢固性（在预埋或焊接处不应松动）。

6）曳引绳绳头装置的牢固性。

7）限速绳头的绳夹牢固性。

8）平衡补偿链挂钩处和拼接处的牢固程度，不得低于补偿链本身。

9）客梯层门采用重锤自动关门装置时，其挂钩连接强度不低于重锤。

10）曳引机底座螺钉及制动器调整螺栓不应松动。

11）控制屏上各电气紧定螺钉不应松动。

12）磁感应器装置应作用正确，结构牢固。

2. 电梯滑移滚动磨损部位完整性的检查

1）轿门、层门门扇上部滚动轮外圆磨损量不大于 4mm。

2）轿门、层门门扇下部滑动块磨损量不大于 1/3mm。

3）轿厢或对重导靴的靴衬磨损量不大于 2mm。

4）曳引机制动闸瓦磨损量不大于 1/4mm。

5）控制屏或选层器上各接触片、接触点应保持通电率良好稳定。

6）电动机轴承磨损量最大偏差不超过 0.2mm。

7）曳引钢丝绳磨损量确定标准：一般在轧伤断丝 16 根以上，断股 1~2 股或单丝磨损 40% 时，应及时更换新绳。

8）选层器钢带如发现有裂纹，应立即更换钢带。

9）限速器钢丝绳磨损后的新绳需符合曳引钢丝绳的要求。

10）电动机电刷必须与光洁的换向器工作表面全部良好接触，更换电刷后，必须用轻负载加在换向器上运转，直到表面光滑为止。

11）曳引轮轮槽与曳引绳之间不应滑移，如轮槽磨损较大，应及时更换或修正。

12）限速轮轮槽磨损打滑时，应立即更换或修正。

13）门机胶带传动缓慢或打滑，应立即更换或把张力调整至适当程度。

14）熔断器熔芯，应备好相适应的熔丝，便于及时更换。

15）使用硒整流器时，应正确地选用熔丝，以防止整流堆过负荷和短路；存放超过 3

个月以上时，应先进行"成型试验"：先加 50% 额定交流电压保持 15min，再加 75% 额定交流电压保持 15min，最后加至 100% 额定交流电压。

以上这些就是每月检查保养应做好的一些日常工作，月检中应该调换的零部件应事先备有充足的备件，以供及时更换，使电梯的机械和电气零部件保持良好状态。

四、季度保养检查制

季检一般是指每 3~4 月一次的保养检查。保养的重点一般是指电梯各部位之间的配合间隙或相对应的距离，应保持在技术标准范围内，并兼顾日检、周检、月检时疏忽遗漏的地方。

季度保养检查制主要检查电梯运行部件配合间距的完好性，其具体部位如下：

1）自动门机上轿门刀片端面和各层站层门地坎距离应在 5~8mm 范围内。

2）自动门机的轿门刀片两侧面，在通过门锁开门轮时，有一定的间隙要求。当刀片通过或在开门前的位置上，朝开门方向轮的侧面间隙应在 5mm 左右，另一侧应 10mm；当刀片带动层门动作时，门锁上的两轮，应能夹持住刀片一起运行。

3）轿厢地坎和各层门地坎之间，应保持一定距离，客梯应为 25mm，货梯应为 30mm。

4）轿厢在各层站平层精确度的检查。通常在检查时，分别进行空载、半载、满载上下运行，到达同一层站，测量平层误差，取其最大值，该值应达到技术要求规定的数值。

5）检查曳引绳各绳之间的张力均匀程度，调整其差值范围在 5%~10%。

6）检查和保持对重缓冲碰板与对重缓冲器撞击面的正常距离，当轿厢在最高顶层平层时，应保持在（300±50）mm。

7）检查或调整张紧轮的撞击块与限速绳的断绳开关之间的撞击距离，应不小于 20mm。

8）检查或调整安全钳钳块与钳体、导轨的间隙，要求：①安全钳钳块工作齿面和导轨间隙应保持 2~3mm；②安全钳钳体端面和导轨端面间隙应大于 3mm。

9）检查或调整端站快车强迫转慢限位位置，端站楼层感应是否同时动作。

10）检查或调整端站慢车强迫停止限位位置，当轿厢超越层站在 50~80mm 范围内时，应起作用，使轿厢停驶。

11）检查或调整端站极限开关的距离，当轿厢超越层站在 150~200mm 范围内时，应起作用，使轿厢停驶。

12）调换季节性的曳引机齿轮润滑油。

13）检查或调整制动器闸瓦与制动轮的间隙（一般在 0.2~0.5mm），制动紧闸或运行松闸时，应无明显的撞击声。

14）检查润滑油内有无杂质，若发现杂质应立即更换，或根据杂质情况来确定更换时间。

15）应清除电气控制屏元件的积灰，检查各接线、焊锡、阻系是否良好。

五、年度检查保养制

年度检查保养制一般根据本台电梯使用情况而定，通常在 1~3 年保养一次。年度保养应对本台电梯进行比较具体和详细的全面检查，着重点应放在磨损零部件的及时调整上，对于电梯性能降低部分也应及时修复。

年检的重点和具体部位如下：

1）电梯上各机械部件或零件的安装精度应符合电梯技术标准。具体有曳引机、制动器、限速轮、曳引绳、导轨、各绳轮、各层门、轿厢装置、安全钳装置、缓冲器装置和补偿装置等。

2）电梯上各电器部件或零件的工作可靠性，应符合要求。内容有：曳引电动机、控制屏装置、电源开关、各部位的限位开关、厅外召唤、厅外指示、随行电缆线、各电器绝缘或接地可靠程度等。

3）电梯整台性能测试项目包括平衡、满载、空载、安全钳动作，平层精确度、端站各限位可靠程度和准确性等。

六、专项保养

专项检查保养是指维修保养人员根据电梯使用运行情况，专门针对某项部位进行保养的方法。专项检查保养时，应根据国家标准或厂家技术标准进行保养，一般偏重于重要部件。具体部位如下：

1. 机械构件方面

1）曳引机内蜗轮减速器，在运转时应保持平稳而无振动，其轴向游隙按标准进行保养，参照文件标准如下：①GB/T 10058—2009《电梯技术条件》；②GB/T 10089—1988《圆柱蜗杆、蜗轮精度》；③各电梯生产厂的具体随机维修文件等。

2）制动器的间隙应为 0.2～0.5mm；电磁制动线圈温升不超过 60℃，销轴润滑；电磁铁心在铜套内也应灵活，润滑材料可用石墨粉润滑；制动器的制动力，应在保证安全可靠（满载不蹲底、空载不冲顶、半载舒适感良好）的情况下，进行调节制动力等。

3）曳引机在安装或制造时，应保证在蜗杆轴与电动机轴连接后，同轴度在公差范围内，刚性连接应不大于 0.02mm，弹性连接不大于 0.01mm；润滑油应保持清洁；电刷与换向器工作表面接触要良好，受损后要及时更换；绝缘电阻应经常检查等。

4）当曳引轮铅垂度误差超过 1.5mm 时应及时修正；当曳引绳发生轮槽落底时，应重车加工等。

5）速度反馈装置。直流测速发电机的电刷应列入季检，如磨损严重、接触不良，应及时更换，轴承处注入钙基润滑脂保养。

6）各种绳轮应保持润滑良好。

7）限速器装置应保持动作灵活可靠。

8）轿门、层门装置的门扇运行应灵活；安全触板碰撞力不大于 0.5kg，各关节活动处应适当充分润滑；各部配合间隙应有充分的余地，不得碰擦；限位可靠。

9）应确保安全钳装置动作可靠，确保钳块与钳体、导轨有一定间隙，动作时应能及时切断安全钳开关的控制电源。

10）导轨装置应保持单列的竖向垂直，双列平行性要好；导轨压板应牢固；导轨表面或接头处要光滑和平整。

11）若导靴的靴衬磨损量达 1mm 左右，应及时更换；应注意充分润滑。

12）油压缓冲器或弹簧缓冲器要保持完好无损；保持作用可靠。

13）曳引绳应保持清洁，张力均匀，受损后小于原直径 90% 时，应及时更换。

14）补偿装置。检查挂钩，使强度不低于补偿链本身；如有噪声，应消除；如有补偿导轨，应涂上润滑油润滑。

15）选层器的机械传动。应保持选层器上行或下行时，作用一致，传动灵活（月检时加以润滑）；检查钢带质量，若发现裂痕应及时更换。

2. 电气设备部分

1）各安全保护限位开关和控制按钮，应灵活可靠、使用正确等。

2）控制屏等各电气元件，动作协调，连贯一致；导线接点应无松动等。

3）硒整流器停用较长时间时，应先进行"成型试验"预热处理：①先加50%额定交流电压保持15~20min；②再加75%额定交流电压保持15~20min；③最后加压100%额定交流电压等。

4）变压器。应检查变压器是否过热，电压是否正常，绝缘是否完好等。

5）晶闸管励磁装置。参见该装置的维修保养资料。

以上检查保养制采用与否，都需要根据实际情况而定。

※综合训练※

（1）填空题

1）所谓安全回路，就是在电梯各安全部件都装有一个_____，把所有的_____串联，控制一只_____。只有在所有安全开关都接通的情况下，安全继电器吸合，电梯才能_____。

2）当电梯的供电系统中出现断相（即缺相）时，电气安全系统能_____，以免造成电动机过热或烧毁。当电梯电源系统出现错相（即相序错位）时，电梯的电气安全系统能_____，以防止电梯电动机反转造成危险。

3）电梯安全回路安全开关动作断开，在不停电的情况下，选择万用表_____档测量安全开关动作断开点。

（2）简答题

电梯的安全系统都包括哪些装置？

※评价反馈※

评价反馈见工作页。

任务二 门锁回路故障的维修

※任务描述※

电梯的门系统是电梯最易发生故障的地方，门锁回路是保障电梯门系统安全运行的电路，电梯维保人员对门锁回路进行检修，保证电梯运行安全。

※任务分析※

电梯门是乘客进出轿厢的装置，一旦门锁回路出现故障，将会造成严重的后果，甚至发生剪切的人身伤亡事故。因此，作为电梯维保人员，应定期检查门锁装置，发现问题及时解决。

※知识链接※

为保证电梯必须在全部门关闭后才能运行，在每扇层门及轿门上都装有门电气联锁开关。只有在全部门电气联锁开关都接通的情况下，控制屏的门锁继电器方能吸合，电梯才能运行。反之，如有一扇层门或多扇层门的任一扇门被开启，则电梯应不能起动或继续运行。电梯门锁回路原理如图6-2所示。

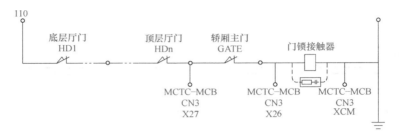

图 6-2　电梯门锁回路原理

国家标准 GB 7588—2003《电梯制造与安装安全规范》中第 7.7.1 条要求：在正常运行时，应不能打开层门（或多扇层门中的任意一扇），除非轿厢在该层门的开锁区域内停止或停站。第 7.7.2.1 条要求：如果一个层门或多扇层门中的任何一扇门开着，在正常操作情况下，应不能起动电梯或保持电梯继续运行，然而，可以进行轿厢运行的预备操作。电梯门锁故障及维修方法见表6-2。

表 6-2　电梯门锁故障及维修方法

序号	故障现象	可能原因	排除方法
1	电梯有电源,但不能工作	电梯安全回路发生故障,有关线路断了或松开	检查安全回路继电器是否吸合,如果不吸合,线圈两端电压又不正常,则检查安全回路中各安全装置是否处于正常状态和安全开关的完好情况,以及导线和接线端子的连接情况
		电梯安全回路继电器发生故障	检查安全回路继电器两端电压,电压正常而不吸合,则安全回路继电器线圈烧坏断路。如果吸合,则安全回路继电器触点接触不良,控制系统接收不到安全装置正常的信号
2	电梯能定向和自动关门,关门后不能起动	本层层门机械门锁没有调整好或损坏,不能使门电锁回路接通,从而使电梯不能起动	调整或更换门锁,使其能正常接通门电锁回路
		本层层门机械门锁工作正常,但门电锁接触不良或损坏,不能使门电锁回路接通,使电梯不能起动	保养和调整或更换门锁,使其能正常接通门电锁回路
		门电锁回路有故障,有关线路断开或松动	检查门锁回路继电器是否吸合,如果不吸合,线圈两端电压又不正常,则检查门锁回路的其他接触情况,使其正常

项目六

序号	故障现象	可能原因	排除方法
2	电梯能定向和自动关门,关门后不能起动	门锁回路继电器故障	检查门锁回路继电器两端电压,电压正常而不吸合,则门锁回路继电器线圈断路。如果吸合,则门锁回路继电器触点接触不良,控制系统接收不到厅、轿门关闭的信号
3	电梯能开门,但不能自动关门	关门行程限位开关(或光电开关)动作不正确或损坏	调整或更换关门行程限位开关(或光电开关),使其能正常工作
		开门按钮动作不正确(有卡阻现象不能复位)或损坏	调整或更换开门按钮,使其能正常工作
		门安全触板或光幕光电开关动作不正确或损坏	调整或更换安全触板或光幕光电开关,使其能正常工作
		关门继电器失灵或损坏	检修或更换关门继电器,使其正常
		超重装置失灵或损坏	检修或更换超重装置,使其正常
		本层层外召唤按钮卡阻不能复位或损坏	检修或更换本层层外召唤按钮,使其正常
		有关关门线路断了或接线松开	检查有关线路,使其正常
4	电梯能开门,但按下关门按钮不能关门	关门按钮触点接触不良或损坏	检修或更换关门按钮,使其工作正常
		关门行程限位开关(或光电开关)动作不正确或损坏	调整或更换关门行程限位开关(或光电开关),使其能正常工作
		开门按钮动作不正确(有卡阻现象不能复位)或损坏	调整或更换开门按钮,使其能正常工作
		门安全触板或光幕光电开关动作不正确或损坏	调整或更换安全触板或光幕光电开关,使其能正常工作
		关门继电器失灵或损坏	检修或更换关门继电器,使其正常
		超重装置失灵或损坏	检修或更换超重装置,使其正常
		本层层外召唤按钮卡阻不能复位或损坏	检修或更换本层层外召唤按钮,使其正常
		有关关门线路断了或接线松开	检查有关线路,使其正常
5	电梯能关门,但电梯到站不开门	开门继电器失灵或损坏	检修或更换开门继电器,使其正常
		开门行程限位开关(或光电开关)动作不正确或损坏	调整或更换开门行程限位开关(或光电开关),使之正常
		电梯停车时不在平层区域	查找停车不在平层区域的原因,排除故障后,使电梯停车时在平层区域
		平层感应器(或光电开关)失灵或损坏	检修或更换平层感应器(或光电开关),使之正常
		有关开门线路断了或接线松开	检查有关线路,使其正常
6	电梯能关门,但按下开门按钮不开门	开门继电器失灵或损坏	检修或更换开门继电器,使其正常
		开门行程限位开关(或光电开关)动作不正确或损坏	调整或更换开门行程限位开关(或光电开关)
		开门按钮触点接触不良或损坏	检修或更换开门按钮,使其正常
		开门按钮动作不正确(有卡阻现象不能复位)或损坏	调整或更换开门按钮
		有关开门线路断了或接线松开	检查有关线路,使其正常

（续）

序号	故障现象	可能原因	排除方法
7	电梯不能开门和关门	门机控制电路故障，无法使门机运转	检查门机控制电路的电源、熔断器和接线线路，使其正常
		门机故障	检查和判断门机是否不良或损坏，修复或更换门机
		门机传动胶带打滑或脱落	调整胶带的张紧度或更换新胶带
		有关开门线路断开或接线松开	检查有关线路，使其正常
		层门、轿门交换齿轮松动或严重磨损，导致门扇下移拖地，不能正常开关门	调整或更换层门、轿门交换齿轮，保证一定的门扇下端与地坎间隙，使层门、轿门能正常工作

※任务实施※

任务实施步骤见表 6-3。

表 6-3　任务实施步骤

序号	操作步骤	备注
1	穿戴劳保用品，挂警示牌做好准备	做好一切防范措施
2	检查电梯停止层的门锁是否有故障	在全部门关闭的状态下，到控制柜观察门锁继电器的状态。如果门锁继电器处于释放状态，则应判断为门锁回路断开
3	在厅外用三角钥匙重新开关一下层门	排除是否为机械故障
4	在控制柜分别短接层门锁和轿门锁，分出是层门部分故障还是轿门部分故障	
5	短接层门锁回路，以检修速度运行电梯，逐层检查每道层门联锁接触情况	确保在检修状态下，注意安全
6	排除故障，清理现场	在修复门锁回路故障后，一定要先取掉门锁短接线，方能将电梯恢复到快车状态

※巩固与提高※

电梯门锁装置型式试验内容、要求和方法

一、概述

1）制造厂或其授权的代理人（申请单位）应填写型式试验申请书，并提交给经国家特种设备监督管理部门核准的型式试验机构。

2）试验样品的选送应由型式试验机构和申请单位商定。

3）申请单位可以派人参加型式试验。

4）型式试验必备的仪器设备：机械/电气耐久试验装置；机械静态拉力试验装置；冲击试验机；交流、直流接通和分断试验装置；交流耐压测试仪；漏电起痕测试仪；IP

试具或采用与上述仪器设备具有同样功能的仪器设备。

5）申请单位需向型式试验机构提供说明下列内容的文件资料：

① 上一年度层门锁闭装置型式试验报告和型式试验证书，新产品的型式试验除外。

② 层门锁电路的类别（交流或直流）及额定电压和额定电流。

③ 层门锁的电气安全装置的防护等级。如需满足特殊要求（防水、防尘等机构），应详细说明。

④ 层门锁或轿门锁装配详图，应列出并说明重要零件的名称、材料类别和固定特性。

⑤ 层门锁闭装置或轿门锁带操作说明的能够显示全部操作和安全性能结构示意图。

⑥ 安全性能结构示意图。

⑦ 层门锁闭装置使用维护说明书。

⑧ 型式试验机构要求的其他补充资料。

6）申请单位需向型式试验机构提供下列试验样品：

① 提供一件层门锁或轿门锁的试验样品及试验所需的附件。

② 如进行交流和直流两种类型的试验，需提供两件层门锁试验样品。

二、型式试验的内容、要求与方法（见表6-4）

表6-4 型式试验的内容、要求与方法

检验项目	项目编号	检验内容与要求	检验方法
1 操作试验	1.1	层门锁或轿门锁应由重力、永久磁铁或弹簧来产生和保持锁紧动作，并满足： 1）即使永久磁铁或弹簧功能失效，重力也不能导致开锁 2）弹簧应在压缩状态下作用，弹簧应有导向装置并满足在开锁时弹簧不会并簧（完全压实） 3）一种简单的方法（如加热或冲击）不应使采用永久磁铁来保持锁紧元件位置的功能失效	1）操作检查 2）用直尺测量啮合尺寸
	1.2	在电气安全装置作用前，锁紧元件的啮合深度至少为7mm	
2 机械试验	2.1	门锁装置应能承受 $1000000 \times (1 \pm 1\%)$ 次完全循环操作耐久试验，频率为 $60 \times (1 \pm 10\%)$ 次/min 试验后不应产生可能影响安全的磨损、变形或断裂	使用机械耐久试验装置、机械静态拉力试验装置和冲击试验机进行试验
	2.2	门锁装置应能承受大小为1000N，作用时间为300s的静态力的作用，而不产生可能影响安全的磨损、变形或断裂	
	2.3	门锁装置应能承受开锁方向上的19.6J的冲击作用，试验后不应产生可能影响安全的磨损、变形或断裂	
3 电气试验	3.1	在做机械耐久试验的同时进行门锁装置电气触点的电气耐久试验： 1）电气触点在额定电压和两倍额定电流的条件下接通一个电阻电路 2）如申请单位没有规定适用电路类型，应进行交流和直流两个系列的试验 3）试验样品应与正常使用时一样装有罩壳和电气布线 4）电气耐久试验的一次完整循环操作中，电气触点的接通时间应能使试验电路的电流至少达到试验电流值的95%；电气耐久试验后，电气触点不应产生影响安全的电蚀和痕迹，不应使电气间隙发生变化	使用机械耐久试验装置和电阻性负载电路进行试验

121

检验项目	项目编号	检验内容与要求	检验方法
3　电气试验	3.2	在电气耐久试验后应进行门锁装置电气触点的接通分断能力试验 1）如申请单位没有规定适用电路类型，应进行交流和直流两个系列的试验 2）对于交流电路 ①在正常速度和时间间隔为 5~10s 的条件下，层门锁应能接通和断开一个电压为 110% 额定电压的电路 50 次。触点应保持闭合至少 0.5s ②试验电路应符合电路功率因数为 0.7±0.05，电路电流值为 11 倍申请单位指明的额定电流 ③如生产单位没有规定额定值，额定值应符合：230V 和 2A 3）对于直流电路 ①在正常速度和时间间隔为 5~10s 的条件下，层门锁应能接通和断开一个电压为 110% 额定电压的电路 20 次。触点应保持闭合至少 0.5s ②试验电路应符合电路电流值为 1.1 倍生产单位指明的额定电流 ③试验电路的时间常数 $T = 300ms$ ④如生产单位没有规定额定值，额定值应符合：200V 和 2A 4）接通和分断试验应满足 ①试验期间层门锁应无电气和机构的故障，不应发生触头的熔焊或持续燃弧 ②试验后层门锁电气装置应能承受 2 倍额定电压，但不低于 1000V 的工频试验电压	使用交、直流接通和分断试验装置及耐压绝缘测试仪进行试验
	3.3	层门锁闭装置的电气安全装置的绝缘材料进行耐漏电起痕试验，应通过 PTI175 试验	使用漏电起痕测试仪进行试验
	3.4	层门锁闭装置的电气间隙和爬电距离应满足 1）对于外壳防护等级等于或低于 IP4X 的触点，电气间隙至少为 3mm，爬电距离至少为 4mm 2）对于外壳防护等级高于 IP4X 的触点，电气间隙至少为 3mm，爬电距离至少为 3mm	使用直尺和 IP 试具检查

※ 综合训练 ※

（1）填空题

1）为保证电梯必须在全部门关闭后才能运行，在每扇层门及轿门上都装有门电气联锁开关。只有在全部门电气联锁开关_____的情况下，控制屏的门锁继电器方能吸合，电梯才能运行。

2）国家标准 GB 7588—2003《电梯制造与安装安全规范》中第 7.7.1 条要求：在正常运行时，应不能打开层门（或多扇层门中的任意一扇），除非轿厢在该层门的_____停止或停站。

（2）简答题

电梯门锁都有哪些装置？起什么作用？有什么规定？

※评价反馈※

评价反馈见工作页。

任务三 电梯困人时的紧急盘车

※任务描述※

当发生电梯困人事故时，电梯维保人员应根据情况，决定是否进行盘车放人。当需要进行盘车放人操作时，需要用到盘车装置。

※任务分析※

电梯在正常运行过程中出现的紧急停车，实际上是一种保护，只有这样才能防止出现更大的事故。

※知识链接※

在机房的墙壁上，悬挂有盘车手轮和松闸扳手，如图6-3所示。国家标准 GB 7588—2003《电梯制造与安装安全规范》中第12.5.1.1条要求：对于可拆卸的盘车手轮，应放置在机房内容易接近的地方。对于同一机房内有多台电梯的情况，若盘车手轮有可能与相配的电梯驱动主机搞混时，应在手轮上做适当标记。国家标准要求：在机房内应易于检查轿厢是否在开锁区，这种检查可借助于曳引绳或限速器绳上的标记。同时，国家标准还要求盘车手轮、制动轮及任何类似的光滑圆形部件应涂成黄色，至少部分地方涂成黄色。

图6-3 盘车手轮和松闸扳手

※任务实施※

一、电梯困人时的救援程序

1）告知被困乘客等待救援。当发生电梯困人事故时，电梯管理人员通过电话或喊话与被困乘客取得联系，务必使其保持镇静，耐心等待维修人员的救援。被困乘客不可将身体任何部位伸出轿厢外。如果轿门属于半关闭状态，电梯管理人员应设法将轿门完全关闭。

2）准确判断轿厢位置，做好救援准备。根据楼层指示灯、计算机显示或打开层门判断轿厢所在位置，然后设法救援乘客。

二、救援步骤

1. 轿厢停在接近电梯层站位置时的救援步骤

1）关闭机房电源开关。

2）用层门锁钥匙开启层门。

3）在轿顶用人力慢慢开启轿门。

4）协助乘客离开轿厢。

5）重新关好层门。

2. 轿厢远离电梯层站时的救援步骤

1）进入机房，关闭电梯电源开关。

2）在电动机轴上安装盘车手轮。

3）一人用力把住盘车手轮，另一人手持制动释放杆，轻轻撬开制动，注意观察平层标志，使轿厢逐步移动至最接近层门为止。

4）当确认制动无误时，放开盘车手轮。然后按前述所列方法救援。

救援结束时，电梯管理人员应及时填写救援记录并存档。

注意：

1）使用手轮盘车时，至少应有两人（含两人）以上配合操作，开闸人员应听从盘车人员的口令。

2）操作人员应严格按照救援步骤操作，不能违规放出轿厢内被困乘客，否则，容易发生坠落底坑的危险。

※巩固与提高※

电梯电气常见故障

一、安全回路

当电梯处于停止状态时，所有信号不能登记，快车慢车均无法运行，首先怀疑是安全回路故障，应该到机房控制屏观察安全继电器的状态。如果安全继电器处于释放状态，则应判断为安全回路故障。产生故障的原因如下：

1）输入电源的相序错或有缺相引起相序继电器动作。

2）电梯长时间处于超负载运行或堵转，引起热继电器动作。

3）可能限速器超速引起限速器开关动作。

4）电梯冲顶或蹲底引起极限开关动作。

5）底坑断绳开关动作，可能是限速器绳跳出或超长。

6）安全钳动作。应查明原因，可能是限速器超速动作、限速器失油误动作、底坑绳轮失油、底坑绳轮有异物（如老鼠等）卷入、安全楔块间隙太小等。

7）安全窗被人顶起，引起安全窗开关动作。

8）可能有的急停开关被人按下。

9）如果各开关都正常，应检查其触点接触是否良好，接线是否有松动等。

另外，目前较多电梯虽然安全回路正常，安全继电器也吸合，但在安全继电器上取一副常开触点送到微机（或 PC 机）进行检测通常接触不良。如果安全继电器本身接触不良，也会引起安全回路故障。

二、门锁回路

在全部门关闭的状态下，到控制屏观察门锁继电器的状态。如果门锁继电器处于释放状态，则应判断为门锁回路断开。

另外，目前较多电梯虽然门锁回路正常，门锁继电器也吸合，但在门锁继电器上取一副常开触点送到微机（或 PC 机）进行检测通常接触不良。如果门锁继电器本身接触不良，也会引起门锁回路故障。

三、安全触板（门光电、门光幕）

（1）电梯门关不上

现象：电梯在自动位时不能关闭，或没有关完就反向开启，在检修时却能关上。

（2）安全触板不起作用

原因：安全触板开关坏，或线已断。

四、关门力限开关

当关门力限开关有误动作时，门会始终关不上。

五、开关门按钮

有时开关门按钮被按后会卡在里面弹不出来。如果开门按钮被卡住，可能会引起电梯到站后门一直开着关不起来。如果关门按钮被卡住，会引起到站后门不开启。

六、厅外召唤按钮

当召唤按钮被卡住时，电梯会停在本层不关门。或过一段时间强制关门后运行，然后每次都要驶向该层停留一段时间。

七、井道上下终端限位

现象 1：电梯快车和慢车均不能向上运行，但可以向下运行。

现象 2：电梯快车和慢车均不能向下运行，但可以向上运行。

八、井道上下强迫减速限位

故障现象 1：电梯快车不能向上运行，但慢车可以。

故障现象 2：电梯快车不能向下运行，但慢车可以。

故障现象 3：电梯处于故障状态，程序起保护。可能用故障代码显示为换速开关故障。

九、选层器

电梯要确定运行的方向，势必要知道电梯目前所在的位置，所以电梯位置的确定非常重要。这部分电路出了故障，可能电梯就不能自动确定运行方向了，而会出现信号登记不上的现象。同样，这部分电路出现故障时，一般也会引起楼层显示数字不正确等现象。

十、轿厢换速感应器

这种类型的电梯在运行中往往会造成电梯乱层现象。如上换速感应器损坏（不能动作），电梯向上运行时数字不会翻转，也不能在指定的楼层停靠，而是一直向上快速运行到最高层，楼层数字一下子翻到了最高层，使电梯在最高层减速停靠。

十一、轿厢上下平层感应器

平层感应器不动作（或者隔磁板插入感应器的位置偏差太大）时，电梯减速后可能不会平层，而是继续慢速行驶。

有些电梯程序能检测平层感应器的动作情况，比如当电梯快速运行时，规定到达一定时间必须要检测到有平层信号，否则认为感应器出错，程序立即反馈电梯故障信号。

※综合训练※

（1）填空题

1）电梯在正常运行过程中出现的紧急停车，实际上是一种_____，只有这样才能防止出现更大的事故。

2）国家标准要求：在机房内应易于检查轿厢是否在开锁区。这种检查可借助于_____上的标记。同时，国家标准还要求盘车手轮、制动轮及任何类似的光滑圆形部件应涂成_____。

3）使用手轮盘车时，至少应有_____以上配合操作，_____应听从_____的口令。

（2）简答题

简述盘车放人操作流程。

※评价反馈※

评价反馈见工作页。

任务四　电梯年检的准备

※任务描述※

电梯需要每年定期检验合格后才可以投入运行，维修保养工人需要准备电梯年检所有需要的材料，并填写申请表，报请检验。

※任务分析※

必须收集相关资料和维保记录，报请质量技术监督检验部门对所维保的电梯进行年度检验。在检验之前进行自检，在自检合格的基础上填写申请表，报请检验。

※知识链接※

一、电梯年检达标、报验制度

根据《特种设备安全监察条例》第二十八条规定："未经定期检验不合格的特种设备，不得继续使用。"

电梯定期检查每年一次，使用单位必须按上一年检验合格证签发日期到期日前一个月到特种设备检验所报验，确定具体检验日期。

1. 使用单位应准备如下资料及事宜：

1) 特种设备注册登记表。

2) 前一年定期检验报告（包括整改意见书）。

3) 电梯技术资料。

4) 与维保单位签发的保单维保合同。

5) 本单位有关电梯的管理制度。

6) 交纳定期检验费。

2. 维保单位应准备的事宜

1) 本单位维修、保养资质证书；制造厂的委托证书（复印件加盖公章）。

2) 正常情况下应配备的维保人员数量见表6-5。

表6-5　正常情况下应配备的维保人员数量

检验电梯数量/台	需配备的维保人员数量
1~6	2
7~10	4
11~20	6

3. 领取检验报告及合格证

1) 被检验电梯结论为"合格"的，可于十日内直接领取检验报告及合格证。

2) 被检验电梯结论为合格，但有整改项目的，需由维保单位整改完毕，并填写结果后，由电梯使用单位在整改意见书上加盖公章后领取检验报告及合格证。

3) 被检验电梯结论为不合格的，需由维保单位整改合格后重新检验。使用单位应在整改意见书上加盖公章确认，经再次检验合格后，领取检验报告及合格证。

二、填写报检申请表

电梯验收（定期）检验申请表见表6-6。

表6-6　电梯验收（定期）检验申请表

使用单位				安装地点			
联系部门		联系人			联系电话		
安装/维保单位				缴款单位		□使用单位　□安装单位　□其他	
检验联系人		手机			检验类别	□定期检验　□验收检验　□复检	
设备类别	使用编号/受理号			层/站	数量（台）		备注
					合计		（元）

约定检验日期：　　年　　月　　日（超过约定检验日期未检，应重新办理申请手续）

北京市特种机电设备检测研究院（章）

年　月　日

注：此单一式两份。验收检验填写告知受理号；定期检验填写电梯使用编号。第一联：市特种设备监督检验中心存，第二联：使用单位存。

注意事项：

1）根据《中华人民共和国行政许可法》第三十一条"申请人申请行政许可，应当如实向行政机关提交有关材料和反映真实情况，并对其申请材料实质内容的真实性负责。"规定，申请人对提供材料的真实性负责，并承担因提供不真实材料而产生的法律后果。

2）在安全检验合格有效期届满前 1 个月提出定期检验申请。

3）表 6-6 应打印或用钢笔填写，除"编号"外不允许有空项。

4）表 6-6 由申请人填写一份。

※任务实施※

1）根据电梯检验合格证标签上的日期准备年检，填写机电类特种设备监督检验申请单。

2）准备相关资料。

※巩固与提高※

有机房电梯定检自检内容与要求见表 6-7。

表 6-7 有机房电梯定检自检内容与要求

序号	项目及类别		检验内容与要求
1	技术资料	1.1 使用资料	使用单位应准备好以下资料： 1)使用登记资料,内容与实物相符
			2)安全技术档案,至少包括 TSG T7001—2009 附件 A 中 1.1、1.2、1.3 所述文件资料[1.2 的(3)项和 1.3 的(4)项除外],以及监督检验报告、定期检验报告、日常检查与使用状况记录、日常维修保养记录、年度自行检查记录或者报告、应急救援演习记录、运行故障和事故记录等(本规则实施前已经完成安装、改造或重大维修的,1.1、1.2、1.3 项所述文件资料如有缺陷,应当由使用单位联系相关单位予以完善,可不作为本项审核结论的否决内容)
			3)以岗位责任制为核心的电梯运行管理规章制度,包括事故与故障的应急措施和救援预案、电梯钥匙使用管理制度等
			4)与取得相应资格单位签订的日常维修保养合同
			5)按照规定配备的电梯安全管理和特种设备作业人员证
2	机房(机器设备间)及相关设备	2.1 机房通道与通道门	1)应当在任何情况下均能够安全、方便地使用通道。采用梯子作为通道时,必须符合以下条件: ①通往机房或者机器设备间的通道不应当高出楼梯所到平面 4m ②梯子必须固定在通道上而不能被移动 ③梯子高度超过 1.50m 时,其与水平方向的夹角应当在 65°～75°范围内,并不易滑动或者翻转 ④靠近梯子顶端应当设置把手
			2)通道应当设置永久性电气照明
			3)机房通道门的宽度应当不小于 0.60m,高度应当不小于 1.80m,并且门不得向房内开启。门应当装有带钥匙的锁,并且可以从机房内不用钥匙打开。门外侧应当标明"机房重地,闲人免进",或者有其他类似警示标志

序号	项目及类别		检验内容与要求
2	机房（机器设备间）及相关设备	2.2 照明与插座	机房应当设置永久性电气照明；在机房内靠近入口（或多个入口）处的适当高度应当设有一个开关，控制机房照明
		2.3 断错相保护	每台电梯应当具有断相、错相保护功能；电梯运行与相序无关时，可以不装设错相保护装置
		2.4 主开关	主开关不得切断轿厢照明和通风、机房（机器设备间）照明和电源插座、轿顶与底坑的电源插座、电梯井道照明、报警装置的供电电路
		2.5 驱动主机	驱动主机工作时应当无异常噪声和振动
			曳引轮轮槽不得有严重磨损（适用于改造、维修监督检验和定期检验），如果轮槽的磨损可能影响曳引能力时，应当进行曳引能力验证试验
		2.6 紧急操作	1）手动紧急操作装置应当符合以下要求： ①对于可拆卸盘车手轮，设有一个电气安全装置，最迟在盘车手轮装上电梯驱动主机时动作 ②松闸扳手涂成红色，盘车手轮是无辐条的，并且涂成黄色，可拆卸盘车手轮放置在机房内容易接近的明显部位 ③在电梯驱动主机上接近盘车手轮处，明显标出轿厢运行方向，如果手轮是不能拆卸的，可以在手轮上标出 ④能够通过操纵手动松闸装置松开制动器，并且需要以一持续力保持其松开状态 ⑤进行手动紧急操作时，易于观察到轿厢是否在开锁区
			2）紧急电动运行装置应当符合以下要求： ①依靠持续撤压按钮来控制轿厢运行，此按钮有防止误操作的保护，按钮上或其近旁标出相应的运行方向 ②一旦进入检修运行状态，紧急电动运行装置控制轿厢运行的功能由检修控制装置所取代 ③进行紧急电动运行操作时，易于观察到轿厢是否在开锁区
			3）应急救援程序：在机房内应当设有清晰的应急救援程序
		2.7 限速器	限速器或者其他装置上应当设有在轿厢上行或者下行速度达到限速器动作速度之前动作的电气安全装置，以及验证限速器复位状态的电气安全装置
			使用周期达到两年的电梯，或者限速器动作出现异常、限速器各调节部位封记损坏的电梯，应当由经许可的电梯检验机构或者电梯生产单位对限速器进行动作速度核验，并且由该单位出具核验报告
		2.8 接地	所有电气设备及线管、线槽的外露可以导电部分应当与保护线（PE）可靠连接
		2.9 电气绝缘	动力电路、照明电路和电气安全装置电路的绝缘电阻应当符合下述要求：

标称电压/V	测试电压（直流）/V	绝缘电阻/MΩ
安全电压	250	≥0.25
≤500	500	≥0.50
>500	1000	≥1.00

序号	项目及类别		检验内容与要求
3	井道及相关设备	3.1 井道安全门	门上应当装设用钥匙开启的锁，当门开启后不用钥匙能够将其关闭和锁住，在门锁住后，不用钥匙能够从井道内将门打开
			应当设置电气安全装置，以验证门的关闭状态

项目六

序号	项目及类别		检验内容与要求
3	井道及相关设备	3.2　井道检修门	应当装设用钥匙开启的锁,当门开启后不用钥匙能够将其关闭和锁住,在门锁住后,不用钥匙也能够从井道内将门打开
			应当设置电气安全装置,以验证门的关闭状态
		3.3　极限开关	井道上下两端应当装设极限开关,该开关在轿厢或者对重(如有)接触缓冲器前起作用,并且在缓冲器被压缩期间保持其动作状态
			强制驱动电梯的极限开关动作后,应当以强制的机械方法直接切断驱动主机和制动器的供电回路
		3.4　随行电缆	随行电缆应当避免与限速器绳、选层器钢带、限位与极限开关等装置干涉。当轿厢压实在缓冲器上时,电缆不得与地面和轿厢底边框接触
		3.5　井道照明	井道应当装设永久式电气照明。对于部分封闭井道,如果井道附近有足够的电气照明,井道内可以不设照明
		3.6　底坑设施与装置	底坑底部应当平整,不得渗水、漏水
			底坑内应当设置在进入底坑时和底坑地面上均能方便操作的停止装置,停止装置的操作装置为双稳态、红色并标以"停止"字样,并且有防止误操作的保护
		3.7　限速绳张紧装置	当限速器绳断裂或者过分伸长时,应当通过一个电气安全装置,使电梯停止运转
		3.8　缓冲器	缓冲器应当固定可靠
			耗能型缓冲器液位应当正确,有验证柱塞复位的电气安全装置
			对重缓冲器附近应当设置永久性的明显标识,标明当轿厢位于顶层端站平层位置时,对重装置撞板与其缓冲器顶面间的最大允许垂直距离
4	轿厢与对重	4.1　轿顶电气装置	1)轿顶应当装设一个易于接近的检修运行控制装置,并且符合以下要求: ①由一个符合电气安全装置要求,能够防止误操作的双稳态开关(检修开关)进行操作 ②一经进入检修运行,即取消正常运行(包括任何自动门操作)、紧急电动运行、对接操作运行,只有再一次操作检修开关,才能使电梯恢复正常工作 ③依靠持续撤压按钮来控制轿厢运行,此按钮有防止误操作的保护,按钮上或其近旁标出相应的运行方向 ④该装置上设有一个停止装置,停止装置的操作装置为双稳态、红色并标以"停止"字样,并且有防止误操作的保护 ⑤检修运行时,安全装置仍然起作用
			2)在轿顶应当装设一个从入口处易于接近的停止装置,停止装置的操作装置为双稳态、红色并标以"停止"字样,并且有防止误操作的保护。如果检修运行控制装置设在从入口处易于接近的位置,该停止装置也可以设在检修运行控制装置上
		4.2　轿厢安全窗(门)	如果轿厢设有安全窗(门),应当符合以下要求: 其锁紧由电气安全装置予以验证
		4.3　对重(平衡重)的固定	如果对重(平衡重)由重块组成,应当可靠固定

序号	项目及类别		检验内容与要求
4	轿厢与对重	4.4 轿厢面积	对于为了满足使用要求而轿厢面积超出 GB 7588—2003 规定的载货电梯,必须满足以下条件: ①在从层站装卸区域总可看见的位置上设置标志,表明该载货电梯的额定载重量 ②该电梯专用于运送特定轻质物,在装满轿厢的情况下,该货物的总质量不会超过额定载重量 ③该电梯由专职司机操作,并严格限制人员进入
		4.5 紧急照明和报警装置	轿厢内应当装设符合下述要求的紧急报警装置和应急照明: 1)正常照明电源中断时,能够自动接通紧急照明电源 2)紧急报警装置采用对讲系统,以便与救援服务持续联系。当电梯行程大于 30m 时,在轿厢和机房(或者紧急操作地点)之间也设置对讲系统,紧急报警装置的供电来自前条所述的紧急照明电源或者等效电源;在起动对讲系统后,被困乘客不必再做其他操作
		4.6 地坎护脚板	轿厢地坎下应当装设护脚板,其垂直部分的高度不小于 0.75m,宽度不小于层站入口宽度
		4.7 超载保护装置	电梯应当设置轿厢超载保护装置,当轿厢内的载荷超过 110%倍额定载重量(超载量不小于 75kg)时,能够防止电梯正常起动及再平层,并且轿内有音响或者发光信号提示,动力驱动的自动门完全打开,手动门保持在未锁状态
5	悬挂装置、补偿装置及旋转部件防护	5.1 悬挂装置、补偿装置的磨损、断丝、变形等情况	出现下列情况之一时,悬挂钢丝绳和补偿钢丝绳应当报废: 1)出现笼状畸变、绳芯挤出、扭结、部分压扁、弯折 2)断丝分散出现在整条钢丝绳,任何一个捻距内单股的断丝数大于4根;或者断丝集中在钢丝绳某一部位或一股,一个捻距内断丝总数大于12根(对于股数为 6 的钢丝绳)或者大于16根(对于股数为 8 的钢丝绳) 3)磨损后的钢丝绳直径小于钢丝绳公称直径的 90% 采用其他类型悬挂装置的,悬挂装置的磨损、变形等应当不超过制造单位设定的报废指标
		5.2 端部固定	悬挂钢丝绳绳端固定应当可靠,弹簧、螺母、开口销等连接部件无缺损。对于强制驱动电梯,应当采用带楔块的压紧装置,或者至少用三个压板将钢丝绳固定在卷筒上 采用其他类型悬挂装置的,其端部固定应当符合制造单位的规定
		5.3 补偿装置	1)补偿绳(链)端固定应当可靠 2)应当使用电气安全装置来检查补偿绳的最小张紧位置 3)当电梯的额定速度大于 3.5m/s 时,还应当设置补偿绳防跳装置,该装置动作时应当有一个电气安全装置使电梯驱动主机停止运转
		5.4 松绳(链)保护	如果强制驱动电梯的轿厢悬挂在两根钢丝绳或者链条上,则应当设置检查绳(链)松弛的电气安全装置,当其中一根钢丝绳(链条)发生异常相对伸长时,电梯应当停止运行
		5.5 旋转部件的防护	在机房(机器设备间)内的曳引轮、滑轮、链轮、限速器,在井道内的曳引轮、滑轮、链轮、限速器及张紧轮、补偿绳张紧轮,在轿厢上的滑轮、链轮等与钢丝绳、链条形成传动的旋转部件,均应当设置防护装置,以避免人身伤害、钢丝绳或链条因松弛而脱离绳槽或链轮、异物进入绳与绳槽或链与链轮之间

序号	项目及类别		检验内容与要求
6	轿门与层门	6.1 门间隙	门关闭后,应当符合以下要求: 1)门扇之间及门扇与立柱、门楣和地坎之间的间隙,对于乘客电梯,不大于6mm;对于载货电梯,不大于8mm,使用过程中由于磨损,允许达到10mm
			2)在水平移动门和折叠门主动门扇的开启方向,以150N的人力施加在一个最不利的点,前条所述的间隙允许增大,但对于旁开门,不大于30mm,对于中分门,其总和不大于45mm
		6.2 玻璃门	层门和轿门采用玻璃门时,应当符合以下要求: 1)玻璃门上有供应商名称或者商标、玻璃的形式等永久性标记
			2)玻璃门上的固定件,即使在玻璃下沉的情况下,也能够保证玻璃不会滑出
			3)有防止儿童的手被拖曳的措施
		6.3 防止门夹人保护装置	动力驱动的自动水平滑动门应当设置防止门夹人的保护装置,当人员通过层门入口被正在关闭的门扇撞击或者将被撞击时,该装置应当自动使门重新开启
		6.4 门运行和导向	层门和轿门正常运行时不得出现脱轨、机械卡阻或者在行程终端时错位;由于磨损、锈蚀或者火灾可能造成层门导向装置失效时,应当设置应急导向装置,使层门保持在原有位置上
		6.5 自动关闭层门装置	在轿门驱动层门的情况下,当轿厢在开锁区域之外时,如果层门开启(无论何种原因),应当有一种装置能够确保该层门自动关闭。自动关闭装置采用重块时,应当有防止重块坠落的措施
		6.6 紧急开锁装置	每个层门均应当能够被一把符合要求的钥匙从外面开启;紧急开锁后,在层门闭合时门锁装置不应当保持开锁位置
		6.7 门的锁紧	1)每个层门都应当设置门锁装置,其锁紧动作应当由重力、永久磁铁或者弹簧来产生和保持,即使永久磁铁或者弹簧失效,重力也不能导致开锁
			2)轿厢应当在锁紧元件啮合不小于7mm时才能起动
			3)门的锁紧应当由一个电气安全装置来验证,该装置应当由锁紧元件强制操作而没有任何中间机构,并且能够防止误动作
			4)如果轿门采用了门锁装置,该装置也应当符合以上有关要求
		6.8 门的闭合	1)正常运行时应当不能打开层门,除非轿厢在该层门的开锁区域内停止或停站;如果一个层门或者轿门(或者多扇门中的任何一扇门)开着,在正常操作的情况下,应当不能起动电梯或者不能保持继续运行
			2)每个层门和轿门的闭合都应当由一个电气安全装置来验证,如果滑动门由数个间接机械连接的门扇组成,则未被锁住的门扇上也应当设置电气安全装置,以验证其闭合状态
		6.9 门刀、门锁滚轮与地坎间隙	轿门门刀与层门地坎,层门锁滚轮与轿厢地坎的间隙应当不小于5mm;电梯运行时不得互相碰擦
7	试验	7.1 轿厢上行超速保护装置试验	当轿厢上行速度失控时,轿厢上行超速保护装置应当动作,使轿厢制停或者至少使其速度降低至对重缓冲器的设计范围;该装置动作时,应当使一个电气安全装置动作
		7.2 耗能型缓冲器试验	缓冲器动作后,回复至其正常伸长位置电梯才能正常运行;缓冲器完全复位的最大时间限度为120s

序号	项目及类别		检验内容与要求
7	试验	7.3 轿厢限速器-安全钳动作试验	定期检验:轿厢空载,以检修速度下行,进行限速器-安全钳联动试验,限速器-安全钳动作应当可靠
		7.4 对重(平衡重)限速器-安全钳动作试验	轿厢空载,以检修速度上行,进行限速器-安全钳联动试验,限速器-安全钳动作应当可靠
		7.5 空载曳引力试验	当对重压在缓冲器上而曳引机按电梯上行方向旋转时,应当不能提升空载轿厢
		7.6 运行试验	轿厢分别空载、满载,以正常运行速度上、下运行,呼梯、楼层显示等信号系统功能有效、指示正确、动作无误,轿厢平层良好,无异常现象发生
		7.7 消防返回功能试验	如果电梯设有消防返回功能,应当符合以下要求: 1)消防开关应当设在基站或者撤离层,防护玻璃应当完好,并且标有"消防"字样 2)消防功能起动后,电梯不响应外呼和内选信号,轿厢直接返回指定撤离层,开门待命
		7.8 空载上行制动试验	轿厢空载以正常运行速度上行时,切断电动机与制动器供电,轿厢应当被可靠制停,并且无明显变形和损坏
		7.9 下行制动试验	轿厢装载1.25倍额定载重量,以正常运行速度下行至行程下部,切断电动机与制动器供电,曳引机应当停止运转,轿厢应当完全停止,并且无明显变形和损坏
		7.10 静态曳引试验	对于轿厢面积超过相应规定的载货电梯,以轿厢实际面积所对应的1.25倍额定载重量进行静态曳引试验。对于轿厢面积超过相应规定的非商用汽车电梯,以1.5倍额定载重量做静态曳引试验,历时10min,曳引绳应当没有打滑现象

※综合训练※

（1）填空题

1）根据《特种设备安全监察条例》第二十八条规定：_____的特种设备，不得继续使用。

2）电梯定期检查_____一次，使用单位必须按上一年检验合格证签发日期到期日前一个月到特种设备检验所报验，确定具体检验日期。

3）被检验电梯结论为合格，但有整改项目的，需由_____整改完毕，并填写结果后，由_____在整改意见书上加盖公章后领取检验报告及合格证。

4）被检验电梯结论为不合格的，需由_____整改合格后重新检验。使用单位应在整改意见书上_____确认，经再次检验合格后，领取检验报告及合格证。

（2）简答题

如果电梯年检不合格应如何处理？

※评价反馈※

评价反馈见工作页。

项目七
制订维护保养计划

知识目标：

掌握电梯相关运行管理制度，树立安全第一理念。

能力目标：

1. 能熟练运用电梯机房管理制度、电梯层门三角钥匙管理制度、电梯紧急操作管理制度等相关运行管理制度，制订维护保养计划，做到安全操作；

2. 具备制订计划的能力。

素质目标：

1. 团队合作能力；

2. 安全意识。

任务　制订维护保养计划

※任务描述※

电梯维护保养作业人员在进入工作岗位一段时间后，应能够根据所维护保养的电梯类型、数量及维护保养人员的数量制订维护保养计划。

※任务分析※

制订维护保养计划前，必须熟悉电梯的相关管理制度。

※知识链接※

一、电梯的安全管理制度

为了加强电梯的安全管理，优质、高效地搞好电梯维修保养工作，保证电梯安全、可靠地为乘客服务，依据国务院《特种设备安全监察条例》、北京市政府《北京市电梯安全监督管理办法》，各电梯使用单位都要制定电梯的安全管理制度，包括如下内容：

1）电梯安全管理由专人负责。

2）建立健全电梯设备安全技术档案，并由专人管理。

3）设立专职安全员，负责对电梯设备进行安全检查。

4）电梯安全检查至少每月进行一次，并做出记录。对电梯设备检查中发现的异常情况，应写出整改报告。

5）电梯设备的日常维修保养必须由取得《北京市电梯维护保养资格证书》的单位进行。与日常的维修保养单位签订合同必须约定维修保养期限、标准和甲乙双方权利义务等内容。

6）每台电梯设备应当至少每15日进行一次以清洁、润滑、调整和检查为主要内容的维护保养，对在保养中发现的异常情况，必须及时处理，并做记录。

7）电梯的日常维修保养单位应当在维修保养中严格执行国家安全技术范围的要求，保证其维修保养的电梯安全技术性能，并负责落实现场安全防护措施，保证施工安全。

8）电梯的日常维修保养单位，应对其维修保养的电梯的安全性能负责。电梯维修保养人员接到故障通知后，应当在20min内赶赴现场，并采取必要的应急救援措施。

9）从事电梯维修保养及其相关管理工作的人员，必须经市质量技术监督行政部门考核合格，取得特种作业人员证书后方可上岗。

10）电梯设备每年由技术监督局定期检验一次，未经检验，超过检验周期或者检验不合格的电梯，不得投入使用。

11）新安装的电梯经检验合格后，必须持电梯检验报告和安全检验合格标志到各区技术监督局办理注册登记，新电梯注册登记后，方可投入使用。

12）电梯一旦发生事故，电梯维修人员应采取措施保护事故现场及有关物证，抢救受伤人员，防止扩大损害后果。事故电梯应当经质量技术监督行政部门组织电梯检验检测机构进行安全检验，检验合格后，方可重新投入使用。

二、电梯安全操作规程

1）电梯行驶前的检查与准备工作。

① 开启层门进入轿厢之前，要注意轿厢是否停在该层。

② 开启轿厢内照明灯。

③ 每日开始工作前，将电梯上下行驶数次，无异常现象后方可使用。

④ 层门关闭后，从层门外不能用手扒开。当层门轿门未完全关闭时，电梯不能正常起动。

⑤ 平层准确度无显著变化（在规定范围内）。

⑥ 经常清洁轿厢内、轿门地槽及乘客可见部分。

2）电梯行驶中应注意的事项。

① 轿厢的载重量不应超过额定载重量。

② 客梯不许经常作为载货电梯使用。

③ 不允许装运易燃、易爆的危险物品。如遇特殊情况，需经有关部门批准，并严加安全保护措施后装运。

④ 严禁在层门开启的情况下，揿按检修按钮来开动电梯做一般行驶，不允许揿按检修、急停按钮来消除正常行驶中的选层信号。

⑤ 不允许利用轿顶安全窗、轿厢安全门的开启，来装运长物件。

⑥ 电梯行驶中，勿靠在轿门上。

⑦ 轿厢顶上端，除电梯固有设备外，不得设置他物。

3）当电梯使用中发生如下故障时，应立即通知维修人员，停用检修：

① 轿门完全关闭后，电梯未能正常行驶时。

② 运行速度显著变化时。

③ 层、轿门关闭前，电梯自行行驶时。

④ 行驶方向与选定方向相反时。

⑤ 内选、平层、快速、召唤和指层信号失录失控时。

⑥ 发觉有异常噪声、较大振动和冲击时。

⑦ 当轿厢在额定载重量下，有超越端站位置而继续运行时。

⑧ 安全钳误动作时。

⑨ 接触到电梯的任何金属部位有触电感觉时。

⑩ 发觉电气部件因过热而产生焦臭味时。

4）电梯使用完毕停用时，管理人员应将轿厢停在基站，将操纵盘上的开关全部断开，并将层门关闭。

5）电梯长期停用，应将电梯机房总电源关掉。

三、电梯钥匙安全使用管理制度

电梯属于"涉及生命安全，危险性较大"的特种设备，为确保电梯的安全使用，特规定以下制度：

1）电梯钥匙共有四种，即三角形开锁钥匙、锁梯钥匙、操作盘钥匙和机房钥匙，这四种钥匙都必须由经批准的人员专人负责保管和使用。

2）只有被批准的人员才能进入电梯的机房和井道，所有电梯的各种钥匙只有专门人员或维修人员才能保管或持有。

3）物业的电梯主管人员负责保管每部电梯的全套（四种）钥匙，并且确保 24h 能够由被批准的人员方便地取到。

4）经研究决定，允许由司梯工（具有上岗证）分别保管所操作电梯的锁梯钥匙和操作盘钥匙各一把，并在交接班时负责认真交接。

5）经研究决定，允许由电梯的维保人员（具有上岗证）保管所维保的全套钥匙（四种）各一把，以便于电梯的日常维保。

6）电梯在停止运行期间，必须由最后离开的操作人员（司梯工或维保人员）锁梯。

7）必须加强对电梯钥匙的管理，每半年一次由物业的电梯主管人员负责检查电梯钥匙的保管和使用情况，对钥匙丢失、损坏的情况严肃处理。

四、电梯层门外开钥匙使用保管制度

1）层门外开钥匙应由专人负责并保存在安全地方，以防丢失或被未授权人员使用而引发重大安全事故。

2）层门外开钥匙只限于经过电梯专业培训并获得"特种作业操作证"的电梯维保人员使用。使用完毕后将钥匙归还保管人员。

3）在使用外开钥匙打开层门前，一定要先确认轿厢停靠的位置。当开启层门时，层门开启的宽度不得超过肩宽，观察轿厢是否停在该层，位置是否合适，如果位置合适（层门地坎与轿门地坎差距小于 6cm），方可将层门全部打开。

4）在开启层门时，要掌握好身体重心（尤其是载重量 1t 以上的电梯层门），注意重心不可过分前倾，以防身体失去平衡坠入井道。

5）电梯运行过程中决不允许用层门外开钥匙打开层门。

6）电梯维修保养人员在进入轿顶或底坑时必须认真执行《电梯维修安全操作规程》中的规定。

7）当人员进入井道或从井道出来后，必须确认层门关好，钩子锁锁牢后方可从事后续工作。

五、电梯机房管理规定

1）电梯机房应保持清洁、干燥，设有效果的通风或降温设备。

2）机房温度应控制在 $-5 \sim 45℃$ 范围内（建议温度最好控制在 30℃ 左右），且有相应的控温措施，保持机房内温度均匀。

3）机房门或至机房的通道应单独设置，且设有效果的锁具，并加贴"机房重地，闲人莫入"的字样。

4）机房内要设置相应的电气类灭火器材。

5）应急工具齐全有效且摆放整齐。

6）机房管理作为电梯日常管理的重要组成部分，应由专人负责落实。

7）各类标识清楚、齐全和真实。

六、电梯紧急情况的处理

1. 一般注意事项

（1）突然停车　电梯在行驶中突然停车，在未查清事故原因之前，要切断运行电源开关。

1）若轿厢处在层门区域内，要在轿厢内将轿门打开或在层门外用钥匙开关打开厅、轿门，放出乘客。

2）若轿厢处于楼层之间，乘客或司机应利用轿厢内警铃或应急电话设法与维修人员联系，盘车至平楼面。盘车过程中应听从维修人员指挥，严禁在未经允许的情况下，强行开门走出或由安全窗爬出。

（2）超速、冲顶或蹲底　当电梯运行中发生超速、冲顶或蹲底，预选楼层不换速，异常声响，严重烧焦味，正常运行时安全钳摩擦导轨等异常现象时：

1）立即按急停按钮并保持镇静，对企图跳出轿厢，强行打开轿门的乘客要进行严肃劝阻。

2）虽已按下急停按钮，仍无法制止时，应通过警铃、电话与有关人员联系静候解救。

（3）溜车　电梯在停留过程中发生溜车现象时，在轿厢内工作的人员切勿从轿厢内跳出，以免发生"剪切"事故。

2. 电梯"困人"解救工作的步骤

1）盘车前，必须首先警告被困者，电梯将开始移动，乘客应静候解救。切勿试图强行走出轿厢，直至接到指示"已经安全"，方可出来。解救人员未发出上述警告而直接盘车，则属工作上的疏忽。

2）盘车工作通常需由两位工作人员在机房进行。操作前，必须首先切断总电源开关，然后一个人打开制动器，另一个人盘车。特殊情况也可例外，如小型服务梯，只要一人就可以，大型电梯则需三人或更多人进行。

3）若能将轿厢往下放，则可盘至最近的楼面，但有时因实际距离过长，完成整个过程所需时间较长，或对重侧质量等因素，可将轿厢盘向上方。

4）对无齿轮曳引机的高速电梯进行盘车时，要加倍小心，采用"步进式"松动制动器，缓慢行驶，以防止因电梯轿厢或对重较大所产生的重力加速度过大而失去控制。

5）盘车使轿厢到达平层后（一般误差在600mm范围内），制动器装置定要复原，然后应用电梯层门专用钥匙打开层门、轿门或从轿厢内用手扒开轿门，放出被困的乘客。

6）当盘动电梯下行时，如果遇到不能盘动的情况，可能是电梯轿厢底处的安全钳已动作，因此，需要在专业工程技术人员指导下进行下一步工作。在整个解救过程中，要保持与轿厢乘客的联络，安慰乘客不要惊慌，以保证乘客的安全。在盘车前，应询问被困者下列内容：

① 被困于轿厢内的乘客人数。
② 有无伤、病人员和急事人员。
③ 轿厢内有无照明。
④ 轿厢停在井道内的位置。
⑤ 被困时的情况及异常响声。

最好不要使用轿厢顶安全窗，特别是老人、病人或小孩等人员，若必须使用，应在有关人员指导监护下运行。对于是共用井道的电梯，要加强安全保护措施，必要时应停止相邻电梯的运行。当乘客从轿厢内走出时，要特别提醒乘客注意脚下安全，以免被地坎等绊倒或夹脚。

3. 火灾时的处理方法

发生火灾时，立即使电梯停止运行，要绝对禁止使用电梯逃生，平时应向使用者讲清楚。

1）将电梯停在火势或烟未蔓延的地区或楼层，通常停在首层。

2）应及时与消防人员联系。

3）请指示乘客迅速离开轿厢，由楼梯逃生。

4）使电梯处于"停止运行"状态，并用手将轿门、层门关闭，及时切断总电源，禁止他人使用。

5）严禁在火灾层打开电梯门，应考虑到"困人"等事故的发生。即使电梯能够运行，也要向乘客说明可能产生的危险性。

6）具有消防运行功能的电梯，按动消防员专用按钮，使之处于消防运行状态，以备消防人员使用。

7）附近有火灾时，有时可能会引发停电发生"困人"等事故，所以也应停止运行电梯。

4. 停电时的注意事项

如果电梯在运行中停电，则乘客被困在停止运行的轿厢内即"困人"，这时处理及时是非常重要的，先用对讲机向轿厢内的乘客说明停电的原因，并让其安静地等候。

当电源恢复正常时，电梯就会再次正常运行。停电时，要做好以下的应急处理：

1）如果预测停电在短时间内就可以恢复正常或备有发电机，则用对讲机或电话向乘客交代清楚，让他们在轿厢内耐心地等待，不可强行走出轿厢。

2）停电复原以后，应指示乘客再次按轿厢内的目的层按钮，这样就可以恢复电梯正常运行。

3）如果是长时间停电或线路故障，应考虑盘车放人，盘车放人要遵照"电梯困人解救方法"执行：对于电梯备有应急照明或应急处理运行电源的，维护保养人员要定期检查其工作情况。

5. 发生水灾时的处理

当大厦发生水灾时，通常是因为生活水箱、暖气及消防设备等水管破裂引起的，除及时关闭水闸门外，电梯还要做以下应急处理：

1）在电梯井道灌注有少量水时，要及时地将电梯停在最高层（为方便进入轿厢顶，一般在顶层端站的下一层）终止运行，断开总电源开关。

2）如水已经灌满井道的底坑或机房，要立即断开总电源开关，防止短路及触电事故发生。

3）如果是楼层跑水，水会由层门进入井道，损坏层门锁机构或造成短路（门锁开关，候梯厅指层电路或按钮）。此时，要及时地将电梯开至上两层，电梯断电。

4）发生水灾时，要注意保护好轿厢顶及轿厢内的电气设备不进水，如检修开关、操纵盘、开门电动机、指层电路、风扇和照明等设备，必要时采取保护措施。

5）恢复电梯运行时，尤其是微处理机控制的电梯，更要仔细检查，以免过电压烧坏电路板。

6）电梯恢复正常运行后，详细填写失水报告。

6. 地震时的处理方法

感到地震时，首先是电梯"停止运行"。地震时与发生火灾一样，不要利用电梯避难，在平时向用户交代清楚。

1）感到地震时请立即按最近目的层按钮或最近停车关梯。

2）让乘客离开轿厢，到候梯厅。

3）停梯后，请乘客不要使用电梯。

4）万一被困在电梯轿厢内，不许一个人试图往外出；地震之后，要按下述方法进行检查，正常后可恢复运行。

发生三级以下地震时：

① 以低速（检修速度）运行，下行至最低层端站。

② 以低速（检修速度）运行，上行至最高层端站。

若运行过程中，无异常声响、振动及冲击，即可恢复正常运行。在做几次自动运行以后，确认正常，方可交给乘客使用或用来载货。若有异常现象，应立即停梯，向相反方向运行至最靠近的层站停梯，并与电梯专业公司联系检查修复。

四级以上的地震，不能低速运行，要与电梯专业公司或制造厂家联系，进行全面修复后，方可投入运行。

7. 发生人身事故的处理方法

1）立即组织人员进行急救，并保护事故现场。

2）及时上报有关部门对事故进行核查。

3）认真填写事故现场情况表。

4）待有关部门对电梯事故做出结论后，将电梯修复，恢复使用。

上述所有情况的检查及修复工作均要填写详细的记录并存档。

七、电梯维修防火措施

1）维修工作中所用各种易燃品都要妥善保管，油棉丝不得乱丢，完工后易燃品及其容器不得放在机房和井道内。

2）在易燃物周围工作时，不准吸烟，不许用点火柴、废纸、木料的方法照亮工作点。

3）电焊或气割作业完毕后，应仔细检查现场，消除火灾隐患。

4）使用喷灯工作的现场不得有易燃物，并远离电体。

5）电烙铁不得放在易燃物上，不用时立即切断电源。

6）工作完毕，将电源切断。

7）严禁使用汽油清洗电梯各部件。

8）机房应装置二氧化碳或干粉灭火器。

9）发生火情立即采取措施灭火，并报告有关部门。

10）消防器材每月要检查一次，按使用期限及时更换。

※任务实施※

根据电梯相关管理制度和实际电梯情况，制订电梯维护保养计划，见表7-1。

表 7-1　电梯维护保养计划表

序号	保养时间	保养内容	国家标准要求	备注

※评价反馈※

评价反馈见工作页。

参 考 文 献

［1］　余宁. 电梯安装与调试技术 ［M］. 南京：东南大学出版社，2011.

［2］　陈家盛. 电梯结构原理及安装维修 ［M］. 5 版. 北京：机械工业出版社，2011.

［3］　李乃夫. 电梯维修与保养 ［M］. 北京：机械工业出版社，2014.

［4］　李乃夫. 电梯结构与原理 ［M］. 北京：机械工业出版社，2014.

［5］　白玉岷. 电梯安装调试及运行维护 ［M］. 北京：机械工业出版社，2010.

［6］　杨江河，邹先容. 电梯安装与维修手册 ［M］. 北京：化学工业出版社，2010.